有機農業で世界を変える

ダイコン一本からの「社会的企業」宣言

株式会社大地を守る会代表取締役社長
藤田和芳 著

工作舎

第1章 大地を守る会は、社会的企業をめざす

第2章 「ツチオーネ」が語り出す

カフェ・ツチオーネの理念

第5章 提案型運動は、こうして事業になった

不揃いな虫食いたちのドラマ

▼おいしくておもしろいから三五年続いた
▼「つながり」をつくることが私たちの仕事
▼暮らしのあり方を提案する
▼社会も企業も理想を現実化する場だ
▼農薬の問題は「反対」だけでは解決しない
▼三段階の問題点を把握する
▼生産――流通――消費を同時に「革命」する
▼提案型運動が事業として成立した初期の事例

第6章 フェアトレードから、一歩前進する

真の「互恵社会」への道

▼断固たる「攘夷派」の代表だった頃
▼私たちが「フェアトレード」を実践した理由
▼パレスチナに「平和の道」をつくる
▼東ティモールのコーヒー生産者を訪ねる
▼コーヒーを買い続けることが本当によいことなのか
▼「オルタナティブ」と「互恵」
▼「互恵のためのアジア民衆基金」設立
▼古着でカラチの小学校を支援

第7章 あえて、グローバリズムから下りよう

農と食の文化を創出しよう

▼富と貧――グローバリズムの二つの潮流
▼日本の農業はどこをめざすか
▼グローバリズムから下りて地域が生きる――イタリアのスローフード
▼有機農業の裾野を広げる
▼「欠品の思想」を身につける
▼キューバの底力に感動
▼「宅配」のシステムを見直すとき
▼オルタナティブ・パワーで閉塞感を破ろう

第8章 お天道様は、いつも見ている

大地を守る会の三五年を立松和平と語り合う

第1章

大地を守る会は、社会的企業をめざす

ソーシャルビジネスの社会的使命

一九七五年が「画期」となった

「ベトナム。そう声に出してみるだけで、なんとなく胸がきゅんとする。一九七五年、アメリカが敗走することで終結したベトナム戦争は、私たち世代の青春とぴったり重なる。日本はもちろん、世界でも反戦運動が起こったことはまだ記憶に新しい」

あのベトナム戦争が終わった一九七五年を思い出し、歌手の加藤登紀子さんは、こう語った。加藤登紀子さんは、大地を守る会立ち上げの頃からの盟友であり、大地を守る会の生みの親である藤本敏夫の妻である。

大地を守る会が、環境NGO(市民団体)として産声を上げたのは、この年であった。ベトナム戦争が青春とぴったり符合する世代が集まっての、市民運動の始まりであった。

その後、私たちは数々の市民運動を創出し、有機農業運動を中心とする文化活動に邁進する。二年後一九七七年には、「株式会社」を設立、市民運動としての「大地を守る会」と株式会社としての「大地」の二人三脚が始まった。

大地を守る会が誕生した一九七五年頃、日本経済は三年前のオイルショックを早くも克服し、再び好景気に向かっていた。

環境NGO（市民団体）として、1975年スタート。

大企業中心の経済社会が形成され、一方で経済の二重構造（大企業と中小企業の格差）や、農村と都市の所得格差が指摘されながら、世はほとんど迷うことなく、経済繁栄の道を選択していた。日本の経済社会は、「六大企業集団」と呼ばれる六つの金融系列グループが支配し、中小の企業群はもれなくいずれかの系列傘下に序列されていた。

三菱、三井、住友、富士、第一勧銀、三和という六大金融資本が、重化学工業から軽工業、商社など、産業の多くのジャンルを分け持ち、市場をシェアしていた。企業集団に属するそれぞれの企業が互いに株式を所有し合い、互いが互いの大株主となり合って、奇妙な連合体制がつくられていた。集団内部で持ち合う株はよほどのことがない限り、売らない、つまり株式市場に流れないから、日本企業の株は高値で安定した。これが、日本的な株式持ち合いの構図であった。

アメリカの経済誌では、The KEIRETUの文字が踊った。日本企業の「系列」が、そのままのローマ字表記で誌面を飾ったのである。日本経済の高度成長を牽引する主役として、六大企業集団は世界の注目を集めた。エズラ・ヴォーゲルというハーバード大学の経済学者が『ジャパン・アズ・ナンバーワン』を書いて世界的ベストセラーにしたのは一九七九年だった。大地を守る会が誕生して四年後、株式会社大地がスタートを切った二年後である（株式会社大地は現在、株式会社大地を守る会と名称を変更している）。

産業の高次化が高い付加価値を生むとされ、三次産業、四次産業への投資に弾みがついて、本来最も大事にされるべき第一次産業への配慮が二の次にされた時代であった。

言うまでもなく、第一次産業こそが、産業文化の原点である。しかし先進諸国の間で耕作面積は縮小され、とりわけ日本のような中山間地農業は効率主義の犠牲となった。減反政策が農業の疲弊に拍車をかけたことは言を待たない。

日本では、働き手を第一次産業の生産現場である農村から都市の工業地帯へと移すことによって工業化をすすめ、大企業主体の経済発展がはかられた。

当時の、わき目もふらぬ経済主義には、産業文化のあり方を問う姿勢も、大地の手触りを感じる余裕も、ましてや有機農業の価値を思考する余力などありえようはずもなかった。そうした経済状況のなかで、私たちの運動が始まったのである。

山形県高畠での思い出

有吉佐和子さんが『複合汚染』を書いたのも、私たちの出発と同じ年であった。一九七五年、農薬と化学肥料が生態系に与える悪影響を小説の形でわかりやすく描いた『複合汚染』は、社会に大きな衝撃を走らせた。一つの文学作品が、あれほど社会をゆるがせたことは、後にも先にも例を見ないだろう。それほどに、あの小説は私たちにものを考え、行動すべき指針を与えてくれるものとなった。

有吉さんはこの作品を書くために、山形県高畠町を取材している。高畠は、日本の有機農業の発祥の地ともいえる稲作と果樹栽培の町で、「まほろばの里」と呼ばれる美しい農村である。私が生まれ育った岩手県胆沢《いさわ》町にも似て、どこまでも美しい田園が広がっている。その町に、有機農業の実践者として著名な星寛治さんという農村詩人がいて、一〇〇年続く昔ながらの曲がり家に住み、その曲がり家の玄関に牛を飼い、一町歩の田んぼを耕し、リンゴとブドウ畑を営んでいた。いまは建て替えられて曲がり家はなくなったが、その昔ながらの家に、有吉さんは一か月逗留された。

その間、有吉さんは日本の有機農業の実際をつぶさに見、農村の伝統的な暮らしを見、星さんや家族の方々の話を聞き、星さんが代表をしていた高畠有機農業研究会の若者たちと語らい、農業の現状をご自分の肌で感じ、『複合汚染』の骨格をつくられたのであった。

星さんとは私も三〇年ほどのお付き合いがある。お互いにさまざまな問題を数え切れない回数話し合ってきた。

日本有機農業研究会の全国大会が高畠で開かれたとき、私たちが「株式会社」を立ち上げたことが議論の対象となり、同会の一楽照夫初代会長と激論を交わしたことが印象に残っている。

一楽さんは、日本の有機農業を牽引した功労者である。当時の農林省はもとより、農協も、大学農学部の研究者も、ほとんど例外なく有機農業を無視しているなかで、彼は敢然と日本有機農業研究会を立ち上げ、心ある全国の有志を集めていた。純粋な気持ちで、日本の農業の未来を憂いていた人物であった。その尊敬すべき一楽さんが、「純粋であるべき運動が株式会社という資本主義的な行き方をとることはおかしい」と、はっきり疑問を呈されたのである。

有機農業運動を純粋にとらえているがゆえに提起された疑問であった。会議場には有機農業の活動家が全国から詰め掛けている。場は、一時騒然となった。運動になぜ株式会社を持ち込むのか、という意見が圧倒的だった。その雰囲気のなかで、私たちは運動の広がりと深みを持たせるための選択であると、堂々と主張した。

二つの意見は平行線で終わった。だが、運動のバリュエーション（価値評価）をめぐって、激しい議論が行われたことは、意義深いことであったと思っている。一楽さんはすでに故人となられたが、いま大地を守る会の活動を見てなんとおっしゃるか、お話したいところである。

「ソーシャルビジネス」への道

そうした思い出深い高畠で、有吉佐和子さんは取材を続け、一年後に世間をあっと言わせた

『複合汚染』が誕生する。

すでに水俣病や四日市ぜんそくなどの公害被害が深刻になっており、経済成長が引き起こした負の側面が、ようやくにして社会の表面に浮かび上がってきた時期であった。

一九六〇年代のはじめに、レイチェル・カーソンが『沈黙の春（*Silent Spring*）』を書いてDDT汚染の恐ろしさを訴え、「鳥が鳴かなくなった春」を憂いてから一〇年が過ぎ、日本の経済発展が世界の耳目を集めるようになったちょうどその時期、私たちは大地を守る会を立ち上げ、有吉佐和子という稀代の作家の手によって『複合汚染』という衝撃の書が出版された。この一九七五年という年に、ある「画期」を感じるのは私だけではないと思う。

ご承知のとおり、今日、三菱東京UFJ、三井住友、みずほのメガバンクがあるが、これは先に述べた六つのケイレツが合従連衡《がっしょうれんこう》を余儀なくされた結果である。

アメリカでも、長い歴史を持つ投資銀行リーマンブラザーズが崩壊し（二〇〇八）、世界ナンバーワンの自動車メーカーGMが経営破綻した（二〇〇九）。経済の専門家ですら、ほとんど予測できなかったような出来事がつぎつぎと起こった。

大資本と大企業が経済社会を独占あるいは寡占してわがものとする時代は、確実に終わったといえよう。私たちがめざす第一次産業をはじめ、大地に根ざす生命系の産業が求められている。それは、食と農の問題、環境の問題、教育、医療と福祉、世界の貧困、高齢者と子どもなどのじつに多様な社会的課題と、どう立ち向かうかが問われているということである。

誰がどうやって立ち向かうのか。

行政に任せておいてよいものではない。それだけは、はっきりしている。いま、同時代を生きる私たちが、自分たちの手で、できるもの、できることをきちんとやりとげる。そのことがすべての人たちに問われていると、私は思う。

大地を守る会は、これからの企業活動のなかで、社会的課題とどう切り結んでいけるのかを考える。株式会社として、社会が抱えている大きな課題と取り組む姿勢を打ち出していく。それが、本書のメインテーマでもある「ソーシャルビジネス」への道である。

定款に「前文」をつける

二〇〇九年六月に開いた株主総会で、大地を守る会は定款の一部を変更し、「前文」を書き加えた。定款に前文をつけるのは異例のことだが、私は会社の憲法ともいうべき最も大切な定款に、大地を守る会の企業理念を明確に表したかった。日本国憲法の前文が世界に誇るべき平和の理念を述べているように、私たちはそこに、社会的企業としての姿勢を表現したかったのである。

株式会社大地を守る会は、「大地を守る会」の理念と理想である「自然環境に調和した、生命を大切にする社会の実現」をめざす社会的企業として、株式会社としてのあらゆる事業活動を、

「日本の第一次産業を守り育てること」、

「人々の生命と健康を守ること」、

「持続可能な社会を創造すること」、

という社会的使命を果たすために展開する。

この内容を定款に盛り込んで、大地を守る会が「社会的企業」であることを宣言し、会社の使命を明確に文章化した。

日本の国はいま、世界的不況のなかで、景気浮上のきっかけを見失っているかにみえる。環境、貧困、福祉、教育、医療、途上国支援など、さまざまな問題を抱えながら、国の施策は手詰まりとなっている。従来型の企業成長が期待できなくなったとき、国も新しい産業、地域活性化に目を向けたのであろう。

政府も、農業、商業、工業の連携という旗を振り始め、そこへ介護をはじめとする社会福祉

を入れて地域雇用を生み出していこうとしている。つまり、これまでのような常に右肩上がりの企業成長が望めないという認識の下で、経済的・社会的閉塞感を打開するためにソーシャルビジネスへの期待を高めている。

大地を守る会こそ、ソーシャルビジネスの原点だった

経済産業省では二〇〇七年からソーシャルビジネス研究会を立ち上げ、翌年、SB（ソーシャルビジネス）の現状分析と推進方策を盛り込んだ「ソーシャルビジネス研究会報告書」をまとめた。この報告書によれば、ソーシャルビジネスの市場規模は推定二四〇〇億円、事業者数は八〇〇〇、雇用者数三万二〇〇〇人と予測されている。

ソーシャルビジネスとは、社会問題の解決を目標として収益事業に取り組む事業体のことである。社会的企業とも呼ぶ。古くはロバート・オウエンの「ニュー・ラナーク」などの事例が存在するが、こうした事業体が注目を集めるようになったのは、一九八〇年代以降である。レーガン政権やサッチャー政権下で社会保障費が大幅に削減されると、それまでの公的な助成金・補助金に大きく依存して運営されてきたアメリカやイギリスなどのNPOは深刻な資金不足に陥った。

こうした状況下で、従来のような内部補助（事業体のコア・ミッション以外の分野で展開される収益事業、たとえば障害者施設が開催するバザーなど）としての収益事業ではなく、事業体のコア・ミッションそのものを収益事業とする事業モデルが有効な選択肢の一つとして浮上した。

これらの事業体は、営利企業の形をとるもの（グラミン銀行、ベン&ジェリーズ・ホームメイド、パタゴニアなど）と、NPOの形をとるもの（フローレンス、コモングラウンドなど）、複数の企業やNPOを組み合わせたポートフォリオ形態を取るもの（ビッグイシューなど）など、形式はさまざまである。

イギリスでは事業体の所有形態や管理形態そのものも、共同体を基礎にしたものが多く、またそういったものを社会的企業と考える傾向が強い。こうした事情から、協同組合、ソーシャル・ファーム、従業員所有会社、クレジット・ユニオン、開発トラスト、媒介的労働市場会社、コミュニティ・ビジネスなども社会的企業として認知されている。

二〇一〇年六月に経済産業省地域経済産業グループが発表した「ソーシャルビジネスの振興について」という文章は、ソーシャルビジネスの定義をつぎのようにまとめている。

ソーシャルビジネスとは、障害者支援、子育て支援、貧困問題、まちづくり・まちおこし等の社会問題の解決を目的とした持続的な事業活動である。従前の営利を目的とした典型的な「会社」とは異なり、また、未報酬の善意に依存する「ボランティア活動」とも異なる新しい事業形態である。
また、ソーシャルビジネスは、社会的課題の解決に対して事業を見出し、「新たな産業・新たな働き方」を創出する主体である。このような活動が、近い将来には行政、企業、市民の協働パートナーとなることが期待される。

じつは私も、二〇〇九年、経済産業省の「ソーシャルビジネス推進イニシャティブ」という委員会に参加した。当局のつくった「概要」から、この会の性格をそのままお伝えしておこう。

ソーシャルビジネスを取り巻くさまざまな関係者が、意見交換や交流を進め、相互に連携し、ネットワークを作るきっかけを与えられるような「場」を設定することは、国の重要な役割であるとのソーシャルビジネス研究会の提言を受け、ソーシャルビジネス関係者が協力して行う、全国規模での活動等のあり方の検討・提言を行う場として設立。

集まったメンバーは、NPOの活動家や社会的企業の経営者、ジャーナリスト、学者など一〇人の委員で、私もその一人だった。「概要」の難解さから思えば比較にならぬほど、会議は明快に展開した。座長は中村陽一氏（立教大学大学院21世紀社会デザイン研究科教授）だった。

私は、同イニシャティブの一つの専門委員会であるSB事業基盤強化専門委員会に、今度は委員長として呼ばれることとなった。なぜ経済産業省が私をソーシャルビジネスの推進会議に招こうとするのか。それは、大地を守る会が三〇年以上にわたって展開してきた運動と事業が、まさにソーシャルビジネスの名に値するものと経済産業省が認めたからであったと思う。つまりソーシャルビジネスの草分けとして、行政も私たちの活動を見ているのだ。

国が考えているソーシャルビジネスの事業主体は、NPOであっても、組合組織であっても、企業であってもよい。組織の形は問わず、❶社会性、❷事業性、❸革新性の三つの条件を満たす、社会的活動体であることを求めている。すなわち、

❶社会性とは、社会的課題と取り組むことが事業活動のミッションであること、
❷事業性とは、ミッションをビジネスの形で継続的に進めること、
❸革新性とは、新しい社会的商品・サービスや、それを提供するための仕組みを開発したり、広く普及させること、

ということである。

この文章を見るとき、これは、大地を守る会のことを語っているのではないかと、思わず錯

覚するほど、私たちの株式会社およびNGOの姿勢に符合している。一九七五年、いまから三五年前に、私たちは同じテーゼで活動を開始したのではなかったか。こう考えると、今日行政や地域社会で盛んに議論されている社会的企業＝ソーシャルビジネスの原型は、三五年前の大地を守る会にあったといえるのかもしれない。

経済産業省の専門委員会で委員長をつとめながら、いろいろなことが頭をよぎった。有機農業を誰も振り向きもしなかった三五年前の、生産者と消費者をつないでいった記憶が甦る。有機農産物の流通ネットワークができるまでの、生産者との語らい、消費者との語らい、相互の交流会での話し込み等々が、溢れるように甦ってくる。

その一つひとつが、これからのソーシャルビジネスを成功させていく手がかりになるはずだと、私は思った。専門委員会では、たとえば「SBの基本的考え方」についての議論があり、「SBを推進する人材育成」を考えるための議論がある。また、具体的に金融ファイナンスの検討などもあった。これらすべての考え方の基本が、私たちの経験してきた道のりと無関係ではない。

▼株主総会で、株主同士が語り合う

定款で社会的企業であることを宣言した以上、私たちは定款に定める三つの社会的ミッションを達成しなければならない。

▼日本の第一次産業を守り、育てる。
▼人々の生命と健康を守る。
▼持続可能な社会を創造する。

この、定款に明記した三つの使命に向かって、私たちは株式会社のあらゆる事業活動を展開する。そこにおいて、企業が追求すべき利益はどうなるのかという疑問が提起されるだろう。当然の疑問である。私自身、企業を経営する者として、利益を生むことはもちろん重視している。株式会社大地を守る会の経営のなかで、利益が出ないからと借金に頼ったことは一度もないし、なにより歯を食いしばって無借金経営を続けてきた自負がある。

融資を受けることで、会社の姿勢が利益を生むことのみに傾くことを恐れたからである。借金を返すために、利益主義の経営に走ったら、大地を守る会は社会的使命をその場で放棄したことになる。創業以来、使命感に燃えて企業活動を営んできた歴史が、一瞬にして吹き飛んでしまうだろう。

私たちが株式会社というかたちを選んだのは、なにごとにつけ政府や行政に許認可を求めなければならない法人のかたちを避けたかったからである。かりに生協法人にしたとして、政府と対立することは考えられず、私たちがめざす自由な活動、自立した活動に歯止めがかかるかもしれない。

融資を受けずに頑張ったのも、ひたすら「自立」を叫び続けてきたからであった。したがって、いまでも無借金経営が続いている。ビジネスモデルが確立し、組織がしっかりしていると同時に、社員たちの人間的成長が著しいおかげである。社員の成長は、社会的企業として生きていくうえでの絶対条件であろう。そのことは、後にまた触れたい。

予算で計上した利益が未達になりそうなときは、経費を下げる訓練を私たちは徹底してやってきた。仮に一〇〇億の売り上げのときには、これだけの利益が残るということが計算できる経営体制になっている。

株主総会で、一人の株主からこんな意見が出されたことがあった。

「会社は今年も利益を出している。なぜ配当しないのか」

株主の発言としては、当然のことである。私がお答えしてもよかったのだが、そのとき別の株主が発言を求め、こう述べた。

「この会社ができるとき、あなたも私も日本の農業を守るために、環境を守るために株主になりませんか、日本の消費者の生命と健康を守るために投資しませんかと呼びかけられて株主になったはずです。私たちは自分の利益の前に、社会に貢献するこの会社を育てようと、投資したのではなかったか、その志を忘れないでください」

言葉の表現は違ったかもしれないが、お二人の株主のあいだで、このような対話が交わされたことは新鮮だった。結果的にその年も、大地を守る会は配当しなかった。このように、私たちはいろいろな場面で「いま何をしなければならないのか」、「何のためにこの会社をやっているのか」と、職員も、株主も、生産者も、消費者も、いっしょになって繰り返し会社のミッションを確認しながらやってきたのである。

利益よりミッションを優先する決意

株式会社にとって、株主総会が単なる儀式になってはならない。この気持ちは、一九七七年に株式会社をスタートさせたときから、一貫して変わるものではない。同年、「株式会社設立に向けての提案書」のなかで、人と物と情報の流れに澱みのない「開かれた株式会社」にしていくことを明言した。その約束を、私たちは株主総会の場でも実行している。

真の社会的企業は、社会が抱えている課題の解決をミッションとしているから、通常の営利企業とは違い、利潤の最大化よりミッションの達成を優先する。社会的企業の株主は、この点を理解し、共鳴してその会社に投資する。投資を要請する企業も、投資家に対してこの点を明らかにしておかなければならない。利潤よりミッションを優先する企業に、投資家がなぜ目を向けるか。

答えは、いまの社会をこのまま放っておけないからである。社会を変革するために、そのミッションを明らかにしている企業に投資する。その投資行動を通して、社会変革の活動に参加することとなる。投資した社会的企業とともに、社会の課題と取り組むことになる。それが、株主としての応援である。

利益よりミッション達成を優先するため、その社会的企業の経営がその分だけ脆弱になるという見方もあろう。一つの見方として、なるほど道理でもあるが、逆に、営利優先の企業より、株主をはじめステークホルダーの応援が多い分だけ、社会的企業の経営のほうが強いともいえる。

さて、もう一度有吉佐和子さんの『複合汚染』当時に話を戻したい。そして、大地を守る会が立ち上がった頃の物語と、私たちの活動が社会的に評価されるようになった物語をならべてみたい。

有吉佐和子さんは、同書のなかでこう書いている。

戦後の農民は農薬や化学肥料の力で、本当にきつい労働から解放された。しかし反面、土中からミミズがいなくなり、夏のホタルも飛ばなくなった。

これらの小さな動物たちは皆、農薬の毒で死んでいった。小さな動物たちの世界で起こっていることは、いずれ人間の世界でも起こるかもしれない。

さらりと書かれた言葉であるから、なおさら心に響く。この警告に対してすぐに反応したのが、アレルギー体質の子どもを持つお母さんたちであった。農薬がかかっていない野菜を食べたい、化学肥料を使っていない有機農業の野菜がほしい、そう願って手に入れる努力を始めた人たちがたくさん現れた。

しかし、無農薬や有機栽培の野菜、無添加の加工食品を売っている店がない。買いたくても、手に入らない。いまでは考えられない現実が、目の前にあった。

農家の方々に頼んで、有機栽培の野菜をつくってもらおう、無添加の加工食品をつくってもらおう、それを都市の消費者に届けよう。

私たちの運動が始まったきっかけは、そこにあった。そのためには無農薬に挑戦してくれる生産者を一人、二人と増やしていく必要がある。なにを好んでいまどき無農薬なんか、という風潮が蔓延するなかでの、私たちの出発であった。化学肥料があたりまえになっているなかで、堆肥をつくろうと訴えても、それに応えてくれる生産者などほとんどいなかった。

農業の近代化は、機械化、農薬、化学肥料の三拍子揃ってようやく実現したと思っている生産者に、反近代ともいうべき昔ながらの農業を押し付けることは、進歩ではなく退歩だという意見が、各方面から寄せられる。行政しかり、農協しかり、農学者しかりであった。

しかし、有機農業研究の足取りは、一歩一歩ではあったが、確実に進んだ。生産者の意識を変えるだけではない。消費者とも、話し合いが続けられた。曲がったキュウリの話はあまりにも有名であろう。曲がったキュウリを消費者が抵抗なく受け容れるようになるまで、話し込みは続けられた。

レースのカーテンのように虫に食われた小松菜の話、ネズミのしっぽのようなニンジンの話など、いまでは笑い話になった逸話がたくさんある。消費者もまた、無農薬・有機栽培の「理想」と実際に収穫される作物の「現実」とのあいだで揺れたのである。

私たちのこうした長い活動が評価されたのであろうか。

二〇〇七年秋、『ニューズウィーク』(アメリカの『Newsweek』日本版)誌で、私が「世界を変える社会起業家一〇〇人」の一人に選ばれた。時代は変わったと書いたが、私が『ニューズウィーク』誌で、世界の起業家の列に入れられるとは、思ってても見なかったことである。

それほど、大地を守る会の「運動」と「事業」が、国際的にも評者の眼にとまったということであろう。有機農業を推進することで第一次産業を守る「運動」と、生産者と消費者をネットワークすることで具体的なビジネスモデルを構築した「事業」が、ソーシャルビジネスの起業と認められた。私は、こう理解している。

それ以来、ソーシャルビジネスについて語る機会がふえ、日本だけでなく、韓国や中国でも社会起業家をめざす人たちに話をしている。私は、「有機農業で世界を変える」ことができると思っている。日本で始まり、大地を守る会が育てた有機農業の運動と事業は、社会のあり方を根本から問い直し、人々の自立へと向かって進もうとしている。このモデルは、世界の環境問題や貧困、平和の問題を解決するうえでも有効ではないだろうか。

『ニューズウィーク』誌で選ばれた人のなかには、バングラデシュでグラミン銀行をつくったドクター・ムハマド・ユヌス氏（二〇〇六年ノーベル平和賞受賞）がいらっしゃった。グラミン銀行はソーシャルビジネスを語るときいつも紹介される企業なのでご承知の方が多いと思うが、貧しい人たちに向けての融資を志す社会的企業のモデルとなっている。融資を受けた人たちのほとんどは仕事に励み、一〇〇パーセント近い返済率を誇っている。

金融機関が、生活者の側に立って社会起業した稀なケースである。しかし、世界の貧困問題を考えるとき、今後このようなソーシャルビジネスの登場がどうしても必要となろう。グラミン銀行を創設したムハマド・ユヌス氏の勇気と志に敬意を表したい。

各地でソーシャルビジネスの芽を育てよう

私たちが三五年間、大地を守る会で実践してきたことは、有機農業を通して安全な食べ物をつくり、消費者と生産者のネットワークをつくる活動であった。だが、めざしたことはそれだけではない。

各地域で第一次産業に携わりながら生きている人たちと語り合う日が続くうちに、彼らがその地で安心して生活できるようなビジネスモデルを構築することをずっと考えてきた。農業生産者だけでなく、加工業者も参加して消費者とのつながりを持ち、そこに生まれるヒューマンなネットワークが有効に機能すれば、ソーシャルビジネスのかたちが生まれる。

とはいえ、私たちが頑張っても、地域の三パーセントほどの生産者と消費者を組織する力しかない。しかし、その三パーセントの人が自立し、「どうだ、これで生きていけるぞ」と胸を張ることができたら、それを参考に別のやり方を模索する人が出てくるだろう。そういう活気を、各地につくりだしていきたい。

私たちはこれまで、株式会社と市民運動のNGOという二つの顔をもって活動してきた。理由は、社会的使命を果たすために「運動」と「事業」の両輪で活動の幅を広げ、かつ深めたかったからである。

市民運動団体は理念や理想を高く掲げることができるが、実体経済や生活に関係をもつことがやや苦手で、政府や大企業を攻撃する傾向に陥りがちとなる。そのような運動を続けていると、実際の社会の動きから乖離しかねない。一方で株式会社は、実体経済や生活の現場には充分に対応できるものの、ややもすれば利益や経済合理性を追い求めがちとなり、掲げた理念を見失ってしまう恐れがある。

こうした長所と短所を補うため、大地を守る会はNGOでは理念理想を高く掲げ、一方、株式会社では現実の生活に則した解決策を提示してきたのであった。これを私たちは「車の両輪のように」と表現してきたが、これはこれまでの日本社会では見られない手法であった。一つの新しいビジネスモデルが誕生していたのである。

NGOとしての大地を守る会は、日本の第一次産業を守る、有機農業運動を広める、原子力発電に反対する、遺伝子組み換え食品に反対する、学校給食をよくする運動など、さまざまな市民運動を行った。

株式会社としての大地を守る会は、農薬や化学肥料を使わない農産物を農家の人たちにつくってもらい、それを都市の消費者の玄関先まで宅配するという事業を行っている。また、無農薬・無化学肥料の食材を原料とする加工食品を扱っているが、その場合にも、「添加物を使わない」、「包装資材に環境ホルモン系の材料を使わない」など、安全性と環境に配慮した商品開発を行っている。

私たちが扱う農産物はほとんど国産だが、日本ではできない香辛料やバナナ、コーヒーや国内では獲れないエビなどをフェアトレードで輸入している。フェアトレードについては、私たちが大切にしている理念の一つなので、第6章であらためて述べることにする。

株式会社として宅配事業のほか、直営のレストラン経営もやっており、事業規模は年間一六〇億円程度となった。いま、二万一〇〇〇人の株主がいる。ほとんどが生産者と消費者の方々である。

また、大地を守る会が提供する有機農産物や添加物を使わない加工食品などを定期的に買ってくれる消費者会員は約八万九〇〇〇世帯、会員ではないがインターネットを利用して商品を購入するユーザーが約八〇〇〇人、そのほか業務提携している大手百貨店の三越の会員で同じく大地を守る会の商品を毎週一回宅配で購入してくれている三越会員が約七〇〇〇人。少なくとも合計一〇万四〇〇〇人の人たちが大地を守る会の安全な食べ物を買い続けてくれている。

そして何より、大地を守る会は多くの有機農業農家を守り、地域の加工品メーカーを育ててきた。

こうしたことは、大地を守る会の三五年間の運動と事業が今日の日本社会で一定の評価を得られるところまで成長したことを意味している。NGOと株式会社を「車の両輪のように回す」手法も、いまでは一定の市民権を得られたのではないかと思う。

NGOだからできて株式会社にはできないものなど、ない

しかし私たちは、この三五年間にわたって併走してきた「車の両輪」を、あえて一本化する道を選ぶことにした。NGOと株式会社を合併させるという、日本の社会でも世界においても前例のないことを大地を守る会は実行することにしたのである。

「運動」と「事業」は、私たちにとって二つのものではなく、一つのものである。多くの識者た

ちは、運動は理想、事業は現実というだろう。理想を掲げ、そこに向かって突き進むことを運動と呼ぶなら、事業は理想を掲げないのか、理想に向かって突き進まないのか。

否である。私たちの株式会社は、社会的企業として生きていくことを決意した。社会的課題を解決するために、社会性、事業性、革新性を三位一体とし、企業活動を推進していく。そこにおいて、NGOだからできて株式会社にはできないものなど、何一つない。ならば、運動体とか株式会社とかの区別をなくそう。区別などせず、大地を守る会は堂々たる一つの株式会社として社会的使命を全うしようと思ったのである。

私には、株式会社に対する夢がある。前述のように、日本の経済成長があまりにも世界の耳目を集め、企業集団が大企業を市場の主役に押し上げたことによって、株式会社のイメージが大企業のそれと化してしまった。大企業が持つ圧倒的な力のイメージが膨らみ、株式会社といえば、資本主義的悪を連想してしまう。山形県高畠で行われた日本有機農業研究会の全国大会において、大地を守る会の株式会社立ち上げが問題となったことは前述のとおりである。つまり、深い知識のある人たちの間にも、株式会社というかたちには根深い偏見があると思う。

しかし、そうではない。株式会社はその会社のめざす方向に賛同する人たちが株式を買い、その投資が企業活動の資金になるという、きわめて健康な仕組みととらえることができる。制度は、運用を誤れば邪悪なものともなり、正しく運用すれば正義の活動が生まれる。

企業がめざす方向に株主が賛同すれば、株式会社はNGOよりはやく、掲げるミッションの達成に歩みを進めることができよう。

近年、CSR（コーポレート・ソーシャル・レスポンシビリティ）すなわち企業の社会的責任についての取り組みが各企業の間で盛んになっている。いまさらという感なきにしもあらずだが、企業が社会的責任を果たすことは、当然過ぎるほど当然である。責任を果たさない企業が社会から消えていくのも当然であろう。大企業には、CSRを担当する部署があり、にわか勉強の人もそうでない人も、「わが社のCSR」に取り組んでいる。CSRのセクションを設けていることが、その企業の免罪符に終わらないよう、内容の伴った社会的責任の果たし方をすべての会社が全うすれば、企業社会に別の風が吹いてこよう。

なにをいまさら、「コンプライアンス」なのか

企業が社会を構成する一員である以上、その社会に対して責任を持つことは当然である。こんなことは、企業が法人格をもって社会に登場したときから、自明のことであり、ほとんど「言わずもがな」のことであろう。しかし企業社会が成熟したといわれる今日、この「言わずもがな」のことが、「企業のコンプライアンス」という問われ方でしばしば問題となっている。企

業のコンプライアンスが改めて問われ、それが法律的な縛りにまでいたるとは、誰も考えなかったのではないだろうか。

これはまさに、法律を守らねばならないという法律ができたという、奇妙といえばこれほど奇妙なことはない。笑い話のようなことが展開される背景に、今日の企業文化が抱えている深い闇がある。

もとをただせば、企業が社会的存在であるという自明のことを棚に上げてしまったことに由来している。社会的存在であることを自覚すれば、当然ながら、目先の利益のみ最優先するような企業ビヘイビアは慎まなければならなくなる。しかし当今、利益優先のグローバリズムのなかで、経営者たちは「そんな悠長なことを言っていられない」という焦燥感に煽り立てられてきた。

焦燥感に駆り立てられた経営者は、より早く、より大きな利益を上げようと走りすぎ、遵守すべき法律を犯し、市場からの退去を申し渡される。どんなに大きな企業でも、どんなに歴史のある企業でも、悪しき行為は罰せられ、世界のマーケットがレッドカードを突きつける。日本だけではない、世界経済の先頭をひた走っていたアメリカの名だたる企業が、あれよあれよという間に、姿を消していった。

私は池波正太郎の時代小説『鬼平犯科帳』が好きだが、江戸の盗賊たちには、泥棒する相手のその後の暮らしを考え、根こそぎ盗んではいかないという文化があったらしい。泥棒稼業にも、ある種の慎みがあったそうである。殺さず、犯さず、貧しきものからは盗まずを心がけた泥棒たちは、根こそぎ奪っていく泥棒の仕業を急ぎ働きと揶揄し、自分たちはそうはなるまいと自戒した。良い泥棒と悪い泥棒の区別をつける気持ちはないが、社会に害をなす「なし方」は区別できる。より早く、より大きな利益をむさぼる急ぎ働きは、それが泥棒たちの世界でなくても、健康な結果をもたらすことはないと知るべきである。

新たな覚悟で、道を拓く

大地を守る会は、株式会社を民主的な仕組みととらえ、そのなかで運動と事業の統一をはかろうと決意した。株式会社のもう一つのマーケットは、いうまでもなく株式市場である。株式市場にも一定の投機性はあるが、本来株式民主主義で運営される健全な市場である。投資家たちのなかには、ハイリスク・ハイリターンを望む人もいるだろうが、多くの大衆投資家は別の眼を持っている。自分はこの会社が好きだ、環境にこれだけ配慮している、新技術の開発に努力している、サービスのクオリティが高い、などなど、会社の理念と戦略を自分なりに調べ、自分の理念にあった会社であることを認識したうえで株主になる。

たとえば、北海道で風力発電を実現しようという市民ファンドには多くの善良な投資家たちが資金を提供している。長年サラリーマンをしてコツコツ貯金をしてきたような老夫婦が、どうせどこかに投資するなら環境のためになることに投資したいと、なけなしの二〇〇万円、三〇〇万円を投資しているのである。

このことは、投資家のなかには、単に金儲けや高い配当を求めるような投資家だけでなく、社会貢献をする志の高い企業にこそ投資したいと考える投資家が、数は少ないかもしれないが厳然と存在することを示している。

しかし、現在の株式市場は、環境や農業、福祉、平和などの志を高く掲げた社会的企業に資金調達させるような道に窓口を開いているだろうか。残念ながら、その道は閉ざされているように見える。むしろ、かつて日本の株式市場でライブドアの堀江社長や村上ファンドの村上社長が大きくもてはやされた時期があったように、いまでも株主第一主義が優先され、少々コンプライアンスに反しても株主に利益を大きく還元する企業が評価される雰囲気になっている。

株式市場がこうした考えで運営されているのでは、日本の企業社会が本気で社会的責任を果たすことや社会貢献することは期待薄と言わざるをえない。

たしかに近年、日本の大企業はCSR部門をつくり、社会貢献、社会的責任ということを盛んに言うようになってきた。しかし、多くは社員のボランティア活動を奨励したり、外国への植林の資金を提供するというようなものだったりして、その企業の本業そのものまで社会貢献させるという動きはまだ少ない。

「中国製毒入り餃子事件」が日本社会を震撼させたことがあったが(二〇〇八)、このときこの餃子を日本国内で販売していた企業名が連日マスコミで大きく報道された。どれも日本の食品会社としては名だたる大企業ばかりであった。「毒入り餃子」が最初に発見されたのは、日ごろ、日本の食料自給率向上などを熱心に訴えている生活協同組合であった。

私は、この事件が報道されたとき、中国から安い食品を日本に大量に輸入している企業は、じつはこのような大企業だったのかと愕然とした。まして、日本の農業の味方と思っていた生協までが、中国からの農産物輸入に手を染めていたとは信じられなかった。

現在、日本の食料自給率は四〇パーセントである。将来、日本に食糧危機が襲ってきたらひとたまりもない数字である。国民の六割が飢える計算である。この食料自給率が上がらない最大の原因は、海外から安い農産物が洪水のように入ってくるからである。日本の農家が価格競争に負け、結果として農業だけでは生活していけないという現実が、食料自給率を押し下げている。

こうした現実をつくりだすことに、この「中国製毒入り餃子事件」に名前を連ねた大企業は加担していたことにならないのだろうか。この企業の経営者や株主たちは日本農業の未来に責任を持たなくていいのだろうか。まして、生活協同組合は、日頃から日本の農業を守ろうとか食料自給率をもっと上げるべきだと主張していたはずである。

私が「愕然」としたのは、こうした企業や生協の「本音」と「たてまえ」の落差の大きさに対してである。私は、彼らは日本の農業を見捨てたのかと思った。

日本の社会をもっと望ましい方向に変えようとするとき、NGOやNPOの役割は大きいと私は思ってきた。社会を動かすのは、国や行政ばかりではない。NGOやNPOのような市民セクターが市民の目線で政策にかかわるとき、社会はより健全な方向へ向かうと信じるからである。

しかし、企業の役割はもっと重大である。企業がどのような行動をとるかで、日本社会は大きく変わる。つまり、日本の社会が変わるためには日本の企業のあり方が変わらなければならない。そして、日本企業のあり方に強い影響力を持つ本体は、株式市場である。株式市場の体質がより社会貢献や社会的責任を果たす方向へシフトするとき、日本の企業が変わり、社会がより良い方向へ変わるのではないか。

長年NGOやNPOの活動を見てきて、日本人はどこまでも「本音」と「たてまえ」を崩さない人種だったのではないかと痛感している。NGOやNPOの活動では理念と理想を高く掲げる。しかし、それだけでは生活できず、生活の糧は他に求める。「たてまえ」だけでは食っていけないと、「本音」の部分は見えないところに隠したまま、「たてまえ」の運動の純粋さを皆で求めてきたのではないだろうか。

サラリーマンが会社で働くときは、「砂を噛むような」仕事に従事し、仕事が終わった後のアフターファイブでNGOやNPOの良心的な活動をするというような話をよく聞く。この場合、自分が企業から給料をもらって生活していることは「やむをえない」こととして許している。その企業が、少々、自分の考える理念や理想に反していても、生活のためには「やむをえない」と不問にしているのだ。

こうした日本のNGOやNPOの側にあった「本音」と「たてまえ」が、じつは企業のあり方を根本から問わない体質となってきたように思う。金儲けや経済合理主義に走ってしまう企業のあり方を、「本音」の部分として許してきたことを、いまこそ改めなければならないのではないだろうか。

大地を守る会が、公然と社会的企業を宣言し、株式市場から必要な資金を調達する道を拓けば、株式市場のあり方に大きな影響を与えるだろう。また、後に続くNPOや社会的企業に、ああ、そういう道もあったのかとモデルとしても影響を与えるだろう。

繰り返すが、私たち「大地を守る会」は、社会的企業としての姿勢を貫き、本気で実現するために、これまで三五年間、車の両輪で走ってきた「NGO」と「株式会社」の併走をやめ、新たな道を行くことを決意した。

企業の利益とは、自らが自立して社会のなかで生き、かつ持続可能な道を創造し、よりよい社会をつくるために、得るものである。理念、理想を掲げ、それを現実の市場のなかで追求していく企業があってよいだろう。

いや、経済社会が閉塞状況にある今日、そういう企業こそが時代を切り拓く存在となるのではないだろうか。利益追求だけに焦点を合わせてしまった株式会社に、社会的使命を果たすことはできない。そうした株式会社を本来あるべき社会的企業に変えていくことが、私たちの活動の「本丸」である。

誰かが拓いてくれた道が用意されているわけではない。先に横たわっているのは険しい「けもの道」かもしれない。しかし、道を拓くことは、大地を守る会が一貫してやってきたことである。創業三五周年という画期に、新たな覚悟で社会的企業への道を拓いていくことにこそ意味がある。私たちの会社だけではない。多くの企業が目先の利益追求に走ることをやめ、それぞれが使命感をもって活動するように呼びかけていきたい。

ソーシャルビジネスの一つのかたち

欧米ではすでに、ソーシャルビジネスに対する支援体制や法的整備、ファイナンスなどが各国で行われている。たとえば、税金の優遇措置やファイナンス金利の軽減などの恩恵があり、また大学教育などには、次世代のソーシャルビジネスを担う若者を育成するシステムが組み込まれている。

地域の活性化を図るうえで、いま最も大切なことは、その地域で、小さくてもよいからさまざまなビジネスが誕生していくことだと私は考えている。多くの場合、そうしたビジネスは第一次産業とつながりながら成立していくだろう。その地域で採れる野菜や畜産物を、地域の加工業者と連携して起業する行き方が考えられる。

たとえば「町の豆腐屋さん」である。かつて大分県中津市で「草の根通信」を発行しながら独特の市民運動を続けていた尊敬すべき作家の松下竜一さんに、「豆腐屋の四季」というユーモラスなエッセイがある。彼は「暗闇の思想」を世に出して注目された思想家であるが、その松下さんがユーモアあふれる豆腐屋を営んでいたことはあまり知られていない。彼の豆腐屋さんは、きっとソーシャルビジネスの種を蒔いてくれていたのであろう。

ちなみに大地を守る会が年に一度、夏至の日に行っている「一〇〇万人のキャンドルナイト」

は、松下さんの「暗闇の思想」にも影響を受けた活動である(第4章参照)。経済産業省の専門委員会で、私はソーシャルビジネスのイメージを「町の小さな豆腐屋さんです」と話した。

地方の町で時折見かける手作り豆腐の店は、地産地消が原則である。たとえば若い夫婦が豆腐屋を始めるとき、まずその地域の農家から無農薬の大豆を仕入れるとする。一丁二〇〇円の豆腐を一日二〇〇個売り、月二〇日営業で売り上げは八〇万円。そこから材料費ほか諸経費を引いた残りが夫婦の月収である。これだけ売るには、二〇〇〇人くらいの顧客が必要である。なぜなら一人の顧客が一〇日に一個豆腐を買いにきて、二〇〇〇人いてやっと一日二〇〇個売れる勘定になるからである。

だが、二〇〇〇人の顧客は漫然とした活動をしていてつくれるものではない。たとえば、南アフリカのエイズの子どもたち支援の運動にかかわったり、東ティモールの復興支援のためのコーヒーの販売にかかわったり、地元の町起こしの運動にかかわったりと、さまざまな関係性のなかで、あの豆腐屋さんは本物よ、というような声が起こるようになる。こうした評価や評判ができて初めて二〇〇〇人の顧客が生まれるのである。

そのうち奥さんが妊娠したりして、働き手が必要となったとき、この夫婦は相談して地域の障害のある人を雇用したとする。こうなれば、立派なソーシャルビジネスではないか。

地元の農家のつくった無農薬の大豆で、無添加でニガリもいれて豆腐をつくり販売する。一方、海外の恵まれない子どもたちの支援をしたり、地域のさまざまな文化的活動にもかかわったり、さらに障害者雇用にも道を拓き、しかも豆腐がしっかり売れて自立している。

こうして地域の産業と小さな加工業者と消費者がつながり、そこに新たな雇用が生まれる。地域経済が自然発生的に活性化する。これが、ソーシャルビジネスの原型なのではないかと、私は述べた。

ソーシャルビジネスの基本は、社会を構成する人あるいは組織が、互いに手を取り合うことだと思っている。たとえば農村と都市、生産者と消費者、作り手と使い手、投げる人と受ける人、演じる人と見る人、つまりなんでもいい、AとBがいて、それを相互につなぐ発想が基本なのである。これをCo-「ともに」といおうか、with「いっしょに」といおうか、「つなぐ」思想が社会的企業を創出する。町の小さな豆腐屋さんは、まさに地域の農家と加工業者と生活者を「つないで」くれた。

このような小さなソーシャルビジネスのモデルが全国各地で育っていけば、地域の活性化は間違いなく進む。まだ最終的なモデルが確立しているわけではないが、私たちの経験からいえば、その地域で三〇〇〇世帯の消費者を組織すれば、小さなビジネスモデルが成立すると見ている。そのために、経済産業省や農水省もまじえた、活発な議論が必要であろう。

交流会に男性や家族連れが多くなった

秋晴れの日曜日、青空の下に広がるサツマイモ畑に親子連れのにぎやかな声がはじけている。思い思いに遠足気分でやってきたのだろう。子どもたちは畑の土に直に触れる喜びにひたっているようだった。やわらかな土は、有機農業の証明である。土中にたくさんの微生物がいて、活発に活動しているから、土がほっこりとやわらかくなる。化学肥料や農薬を投与した畑では、大切な微生物が死滅してしまう。だから、やわらかな土はない。

若いカップルたちもいて、歓声を上げながらサツマイモを掘り出している。ゲームが好きな二人かもしれない。ひょっとしたらIT産業に従事している二人かもしれない。その二人がいまはこうして、微生物のいる畑に集い、土の感触を楽しんでいる。彼らは、ITの職場に戻っても、大地に生きる、共に生きる仲間たちがいることを忘れないだろう。

これは、私たちが産地交流会と呼ぶ、生産者と消費者の懇親の場である。大地を守る会は、有機農産物の生産者と、それを食べる消費者の交流を、もう三〇年も続けてきた。イベントは、各地で年に一〇〇回、トウモロコシ狩り、ジャガイモ掘り、稲作体験、ダイコン収穫など、多彩に開催される。生産者と消費者が同じ畑や田んぼに入って交流する。それが、有機農業運動の原点になると、私たちは一貫して思い続けている。

一九九〇年代の前半まで、参加者の応募は少なかった。それが二〇〇〇年以降、企業が社会的責任すなわちCSRを語りだし、環境問題に理解を示さざるをえなくなった頃から男性の参加や、家族ぐるみの参加が多くなった。社会が企業を見る目、いわば企業観のようなものに変化が生じたのかもしれない。企業のCSRが問われだし、地球環境への関心が高まるにつれ、大地を守る会の活動が注目されるようになったとも言える。

さて、サツマイモ畑の交流会の場に戻ろう。生産者にとって、その日一日は消費者を迎える晴れの日である。たとえ消費者たちが「遠足気分」でやってきたとしても、生産者は笑顔で迎える器量を身に着ける。「ここはおれたちが真剣勝負で取り組んでいる生産現場だ！　遠足気分などで来てほしくないよ」などと言ったりはしない。消費者もまた、いつも食べている作物が育つ畑に自分の足で立ち、その土を触ってみることで、生産者との関係性を身近なものとする。何度か通ううちに、生産者がどれほど真剣に自分の畑と取り組んでいるかを感じ、彼の作物を食べる消費者としての意識を高めていく。最初の遠足気分が、しだいに別の気持ちに変わっていく。

作り手と食べ手が顔を合わせ、生産現場で作業を共にしながら、語り合う。そうした関係が、そこで採れるサツマイモを「特別」なものにしていく。一本の蔓から採れる数個のサツマイ

上:生産者と消費者が同じ田んぼに入って稲刈り。
下:交流会を支える家族ぐるみのボランティア・スタッフ。

モをつかみながら、「これがいもづるか」と、生産者にとってはあたりまえのことを消費者は新鮮な思いで体験する。

広い畑のあちこちで、わーいとあがる歓声を聞きながら、私はここにこそソーシャルビジネスの原風景があると思った。第一次産業に限らなくてもよい。どの産業においても、生産と消費をつなぐ「場」が各地につくられていけば、ソーシャルビジネス誕生の機会は確実に増えていくだろう。

企業の成長には、人間の多様な成長が必要だ

二〇一〇年一〇月、名古屋市で生物多様性に関する第一〇回国際会議(COP10)が開催された。世界各国から一万人を超える研究者が参加し、地球温暖化問題を論じるもう一つの国際会議とともに、地球環境の未来を考える重要な国際会議となった。

生物が多様に存在することは言わずもがなのことであり、人間社会の勝手で生態系を破壊し、いくつもの生物種が死滅することが許されるわけもない。ある「種」の死滅は、ほかの種の生態系にも悪い影響を与え、生態系が負の連鎖を起こすことになる。国際会議ではコウノトリやトキなど、種の存続が危ぶまれる生物のことにも議論が及んだ。

もう一つの地球温暖化を論じる気候変動の国際会議は、京都議定書に由来することもあって、有名である。昨年コペンハーゲンで開催されたCOP15は記憶に新しい。環境には空気、水、大地（土）、光（太陽）、音、緑（生物）、食べ物などの要素がある。人間だけでなく、生きとし生けるものすべてにとって、必要不可欠な要素である。どの要素が欠けても、生命を全うすることはできない。これらの要素のうち、はじめの五つの要素に関して、気候変動の国際会議（COP15）が受け持ち、生物と食べ物に関して生物多様性国際会議が担っている。二つの国際条約はともに連携しながら、それぞれの締結国が協調し、未来を創る手がかりとしなければいけないだろう。

企業社会に求められている「社会的企業」論も、こうした二つのCOPを下敷きにして構築していくことが必要である。社会に貢献すると声をあげることは簡単だが、企業活動の何をもって、社会の何に向かって、貢献していくのか、その理念を明確に持つことは容易ではない。従来のような大企業中心の、生産性を第一義とし、利益追求に狂奔する企業ビヘイビアから、社会的企業としての活動は期待できない。

企業は、ヒューマンな存在でなければならないと、私は常に考えている。もともと、社会に企業というものが登場する背景には、社会に益する活動を組織的に行おうという素朴な発想があったはずである。個人が一人ではできないことを、複数の人間が組織をつくり、連帯して事業を起こすことで、もっと大きな社会的役割を果たすことができるのではないか、そういう健康な発想が、企業組織を生んだはずなのである。

どこの会社でも、創業の理念は素朴で明快なものであった。企業が大きくなり、企業活動が複雑になると、経営者は株主の思惑を気にするようになる。目先の利益追求に夢中になり、利益を出すためには多少の悪いことには目をつぶろうということになる。一度やってしまったら、もっと利益を出すために税金をごまかしてしまおうとなり、市場からレッドカードを出されることになる。創業のときのヒューマンな志が、いつの間にか姿を隠してしまう例は枚挙に暇がない。

会社がヒューマンなものであるとするなら、社内で働く社員たち一人ひとりの人間的な成長がなければ、企業活動は意味を持たない。せっかく一つの企業に集まり、みんなで社会貢献しようとする以上、集まった人間たちがそれぞれに成長を遂げてこその社会貢献なのである。社員が成長することでしか、企業の社会貢献の質量は育たない。社員の成長が止まることは、会社の成長が止まることに等しい。私は大地を守る会の成長の背景に、社員一人ひとりの、そして生産者会員、消費者会員一人ひとりの、また、株主となって私たちの会社を応援してくださるすべての方々の成長があると思っている。

生物多様性という観点から見れば、人間もまた多様な生きものである。またそうでなければおもしろくない。なぜなら、多様性のなかから、成長が生まれるからである。大地を守る会の社員も、いってみればきわめて多様な個性の集合体である。有機農業を通じて食と農の文化を創造するという心は一つだが、ヒューマンとしての存在は一人ひとり自立し、かつ自律している。それが、株式会社大地を守る会の人間的資産であると、私は確信する。

「社会的企業」における社員とは

社会的ミッションを持つ企業で働く人は、自分の仕事そのものに使命感を持っていなければならない。自分が与えられた仕事を遂行することが、すなわち社会的使命の遂行につながっているのだという明確な自覚が必要である。

したがって、仕事は単に給料を得るためだけのツールではない。人生の大きな比重を占める時間を費やす労働は、月給のためだけにあるのではなく、その労働を通じ、各人各様の充足感を達成するためにあるのだ。

大企業に入って人生の安定を得たと思い込み、仕事に創造力を発揮することなく無難にこなし、アフターファイブになって初めて「意義ある活動時間」と感じるような「ねじれ」はおかしい。こうした「ねじれ」に長い間耐えていることが、高いストレスを生み、精神を病んでいく原因となる。

社会的企業がミッションにめざめ、生き生きと活動していくならば、社員もまた、その企業と同じように、生き生きと自立して生きていきたい。それが、私たち大地を守る会の「働く社員像」である。

「そんなことを言っても、きれいごとの理想でしかないさ。現実はそうはいかない」という声が聞こえる。しかし、ほんとうに理想と現実は乖離しているのか。それほどにこの社会には希望がなく、それほどに人間は元気を失っているのか。

私は、そう思わない。理想は、現実にするために存在するものだと、私は考えている。「楽観主義さ」と言われたら、「そうさ楽観かもしれない、しかし楽観主義でなければ理想は実現しないよ」と、私は応えよう。

会社人間の多くが、自分の本業を虚しく思ってしまい、その虚しさを「しかたない」とあきらめてきたことが、今日の日本を大きく覆う厭世感につながっているように思う。本業は本業、自分の心に正直に生きるのは、本業の営業時間以外の時間だと割り切って働く人が大多数を占めるようになった。たとえばアフターファイブの趣味の世界であったり、あるいはボランティア活動やNPOやNGOを通じた活動であったり、あるいは最近アメリカ発で流行し始めた「プロボノ」など本業を活かした社会貢献の形であったり、そうした時間外の活動に「精神の開放」

をゆだねる。

決してそれは自然な姿ではない。本業のなかに自分の求める道があり、せいいっぱい本業に励むことが、自らの人生の豊かさにつながる。本来、仕事とは、そうしたものではなかったのだろうか。

社会的ミッションを掲げた企業には、社員が納得できる本業が用意されている。

これまで、利益追求に血道をあげていた企業で、社員たちが心のどこかに本業の後ろめたさを感じたり、完全燃焼できない不快感があったりすることが多かったと思う。それは、企業の理念そのものに問題があり、そこで働く社員の意識の持ち方にも問題があったはずである。

私は、本業の営業活動に、自らが奮い立つような熱い思いをもって仕事に打ち込むことこそが、自らを真に生かす第一歩であると確信する。

あえて、はっきり言おう。社会的企業における社員は、本業によって自らの志、理想を追求する存在である。

社会的企業は、「理想とする社会を実現するための仕組み」として存在しなければならない。これが私のめざす社会的企業であり、社会の変革の「本丸」ともいえる。

有機農産物を育てる生産者が、専業で生き生きと暮らしていくことができるときに、持続可能な第一次産業がしっかりと成り立つ。農家一軒ずつが農業でしっかり暮らしていけるのでなければ、「第一次産業を守る」ことなどできない。社会変革を使命として掲げる私たちにとって、このことは永久活動となろう。

仕事は、本来、どんな小さなものであっても「誰がやるか」が問題なのである。「他の人がやったって同じ」というものはない。最初から「おもしろい仕事」があるわけでなく、流れ作業や単純労働と見えるものでも、どこかに独自の工夫が必ずできる。その小さな独自の工夫が積み重なって「おもしろい仕事」となっていく。まず人の「情熱」が先にあってこそ「おもしろい仕事」ができていく。

自発的な動きができること、これが社会的企業の社員に求められる条件だ。新しい取り組みに参加するかどうか、個人の意志を尊重することで、社員は、自分の人生をどうしていくのか、自分で考え判断することになる。これは、決して大げさなことではない。

自分なりの決意をもって仕事を創り、誰かに教えられるのでなく自ら道を見い出していく貪欲さが、そのまま生きる意欲につながっていく。

私たち大地を守る会は、新しい試みは常に「この指とまれ」方式でやってきた。第2章で述べるカフェ・ツチオーネもこの方式だ。やりたいという人がいて手を挙げる。そのプロジェクトチームを社内公募で組織する。そのさい、各人が自分の人生を考える。いつも「誰がやるか」が問題なのである情熱を持った人がやりたいことをやり、周りが支援して大きな渦ができていくとき、物事はうまく進む。

ソーシャルビジネスへの未知なる道も、大きな渦を生み出しながら、楽観主義の精神で開拓していく。大地を守る会みんなの力で、そして大地を守る会の活動に賛同するすべての株主の力で。

第2章

「ツチオーネ」が語り出す

カフェ・ツチオーネの理念

「ツチオーネ」は「大根」なのだ

二〇〇九年四月一日、私たち「大地を守る会」が運営するカフェがオープンした。場所は、東京の自由が丘の隣駅、東急大井町線九品仏駅のすぐ目の前。店名はカフェ「ツチオーネ」という。

多くの人が、「しゃれた名前ですね。イタリア語かなにか?」ときく。しゃれた名前と思ってもらえるのは私たちのねらいどおりであり、うれしく種明かしをすることになる。

じつは「ツチオーネ」は日本語である。「大根《ダイコン》」の古語「土大根《つちおほね》」からつけた。つまり、「ツチオーネ」は「大根」ということなのだ。ちなみに大地を守る会の現在の商品カタログ情報誌のタイトルも同じく「ツチオーネ」であり、会員にはおなじみの名前となっている。

私たち大地を守る会にとって、ダイコンは特に思い入れがある大切な野菜だ。三五年前、ひょんなことから山ほどのダイコンを売ろうと青空の下で声を張り上げたのが、いまの「大地を守る会」の原点だからである。

新しい店を開くにあたって、その名を「土大根」ではなく「ツチオーネ」としたのは、私たちのいつものシャレや遊び心でもある。たとえば、日本農業をもっと元気にしたいという運動は、「DEVANDA」という。これは、「いまこそ農業の出番だ!」という思いからつけた。また、

子育中のママたちにも人気、カフェ「ツチオーネ」自由が丘店。

大地を守る会の国際局が運営する「アジア農民元気大学」は、その英語の頭文字から通称「アホカレ」などと呼んでいる。

往々にして、「正しいこと」、「正しいと信ずること」をするときに、人は大真面目にまなじり決して、という姿勢になりがちだ。懸命になることはすばらしいのであるが、どうしても余裕がなくなり、ちょっとした価値観の違いから、排他的になりやすい。大切な仲間を攻撃してしまうこともある。

正しいと信ずることをするときこそ、狭い価値観に固まるのは危険だと私は思っている。めざすところまでの旅は長いのだ。なるべく楽しい気分で、過程をおもしろがりつつ共に歩きたい。また、多くの仲間がいれば多少価値観が違うのはあたりまえだ。運動も「多様性」をはらんで続けたい。

さて、そんな思いも含みつつ開店し、一年半経ったツチオーネは、お蔭様で順調にファンを増やしつつある。大地を守る会で扱っている農産物・畜産物・水産物・加工食品を使ったメニューがそろい、雑貨なども販売している。内装は、北海道産のカラマツや樹齢二〇〇年のミズナラの木など、できる限り国産木材を使い、あたたかな雰囲気となった。

食べ物の安全性はもとより、内装の素材、タオルや紙ナプキンの素材にいたるまで、安全性を追求した。すなわち、大地を守る会の多くの活動を丸ごと体感できる空間なのである。

上:木の感触があたたかいカフェ「ツチオーネ」の内装。
下:「ヘルシー」はもちろん「おいしい!」を実感。

もちろん、大地を守る会をまったく知らない人も気軽に利用している。駅前という立地からちょっとした待ち合わせ場所ともなる。

また、東京といっても都心から少し離れ、住宅街も控えているため、近所の子育て真っ最中のお母さんたちの利用も多い。ベビーカー置き場もあるし、オムツ替えのスペースもある。「普段の暮らしに根ざした空間」をめざした。

「ブランディング」から生まれたツチオーネ

「ツチオーネ」開店に先立つこと二年ほど前から、大地を守る会は、「ブランディング」という作業に取りかかっていた。

ブランディングとは、企業ブランドを構築すること。すなわち、組織の今後の方針を明確にし、その方針が人の心に届くような明確でわかりやすいイメージを、社会に向けて表現することでもある。

ブランディングでは、社会に対して自身の活動を紹介したり、アピールするさいのビジュアル面を統一することも大きな作業だ。イメージカラーやロゴマーク、インターネットのサイトのつくりや情報誌、商品カタログのデザインなどを通じて、私たちの活動の内容が伝わりやすくするにはどうすればよいのかを追求した。

内部の姿を表わし訴えかけるものが「表面のビジュアル」である。デザインとは、本来、志向性の表現ともいえるだろう。見た目がよく手触りがよいというだけでなく、私たちのメッセージをきちんと伝えたい。ビジュアルを固めるには、自らの組織がどのようなあり方でこれから進んでいくのか、自らを問い直し、構築し直す作業となった。

二〇〇八年に、社名も当時の「株式会社大地」から「株式会社大地を守る会」に変更。第1章で述べたように二〇〇九年に定款も変えた。その定款は、後々、「社会的企業」としての生き方へと発展する考え方を内包するものでもあった。

幾多の議論の末、大地を守る会は、三〇代前半の人たち、特に女性たちに私たちの活動を強く訴えかけていくという方向が決まった。もちろん、実質的にはすべての年代の人々にアピールしていくし、支持してもらいたい。しかし、あえて「三〇代前半の女性」という狭く限定した層に絞り込み、そこから広い層への展開を図る方針となった。

なぜ三〇代前半の女性なのか。

男性でも女性でも、どんな年代であっても、無農薬・有機の農産物や環境について考える人たちは多くいるだろう。しかし、最も切実に、わがこととしてそれらの大切さを実感し始めるのは、つぎのようなときだという。

▼自立して生活を始め、自分の食べ物をつくり出したとき、
▼結婚して新たな家庭をもったとき、
▼自分が体調が悪くなったとき、
▼子どもという生命が体内に宿ったとき、
▼子どもの食べ物を考えるとき、

特に、子どもを身ごもり、また育てていく過程にある世代は、自身とわが子の食べ物について、毎日三度三度向き合うことになる。

胎内に宿った命を健やかに育てるものとは何か。小さな子どもに安心して食べさせられるものとは何か。安心な素材であって、かつおいしく食べられるものは何か。その真摯な問いに応えることは、大地を守る会のなすべき大きな使命の一つであると考えた。

現在のところ、全体の会員のなかで二〇代や三〇代の会員が占める割合はまだ小さい。従来、その世代に向けた訴え方が不十分だったのも事実だ。

男女が共に子育てに向き合い、暮らしに向き合うことが理想であるが、現在はまだ圧倒的に、女性が子育てや暮らし全般に関わっている。そこで、現在の三〇代女性に、特に的を絞っ

た訴え方を強めていこうと判断したのであった。

「持続可能な組織」をめざして若返り

大地を守る会は、一九七五年八月にNGO「大地を守る市民の会」として運動を開始した。全国で有機農業を営む生産者の会員がつくった農産物を、首都圏の消費者会員のグループに届けることが始まりだった。この流通事業を柱に、日本の第一次産業を守り自然と融和する社会のあり方を実現する運動を展開していった。

一九七七年には、流通部門を法人化して株式会社「大地」を設立。流通以外の社会活動はそのままNGO「大地を守る会」に残し、以後、株式会社での流通事業とNGOによるさまざまな社会運動を車の両輪として、活動を展開してきた。そして、先に述べたように、二〇〇八年に、株式会社の名称をもう一度「大地を守る会」として、NGOの名称と統一した。

これは、第1章で述べた「社会的企業」としての存在を意識したものであり、NGOとしての活動も内包する株式会社への発展を模索する一歩だった。株式会社とNGOを車の両輪とする活動の仕方は、ここで役目を終え、つぎの活動の仕方として「社会的企業」を選択したといってもいい。

二〇一〇年現在、大地を守る会は、消費者会員は約八万九〇〇〇世帯、生産者会員は二五〇〇名を数える。有機農業の宅配事業として、ずいぶん大所帯と思われるだろうか。しかし、私は、日本全体の農業から考えれば、決して多すぎる数とは思っていないのだ。

また、生産農家は全国であるのに対し、消費者会員は関東圏に限られている。地産地消の考え方からすると大きな矛盾を抱えているのも現実だ。地域に根ざした活動のあり方を、今後考えていきたい。日本全国に活動を展開し、小規模でよいので各地に拠点をつくっていきたいと考えている。

一方で、三五年間の活動を初期から支えてくれている五〇代以上の会員の一部からは、以前から「だんだん昔の活動から離れたものになっていくのはさびしい。常に原点を忘れるべきではない。時代の変化に安易に迎合すべきではない」という意見も根強くある。もちろん私もその気持ちは痛いほど理解できる。

三五年前、大地を守る会を設立したとき、私も含めて一緒に設立に関わった仲間たちはみんな二〇代だった。農産物の生産者も、農産物を買って支えてくれた会員もその多くが二〇代から三〇代だった。

この設立当時の仲間や会員たちの多くが、いまもずっと辞めないで共に活動を継続してくれている。私たちは、同じ地平に立って、同じ志を持って歩んできた。人々の熱い絆こそ、大地を守る会が今日までやってこれた原動力なのだ。

しかし、私は、今後思いきって若い世代に切り込んでいくことが必要だと判断した。なぜなら、私たちは、「持続可能な社会を創る」という使命を持って、多くの活動に取り組んでいるからである。設立当初からの会員の多くが、設立した私と共に三五年を経過し六〇代、あるいは五〇代となった。組織というものも、人と同じく生きているものであり、若返りをしなければ「持続可能な組織」とはならない。

三五年を経た組織の当初の考え方ややり方を貫き通し、共感する人だけを受け入れていけばよいというのも、もちろん一つの方向ではあろう。だが、自ら門戸を狭め、敷き居を高くして孤高を保つのは、私の主義ではない。できうる限り「門戸は広く、敷き居は低く、志は高く」したい。

「場」は常に解放され、主義主張を超えて、できるだけ多くの人々に参加してもらいたい。まず「場」に立つ。参加する。そこから、参加した人は自分の力でものを考え、新たな動きをつくっていけばよい。

今回の「若返り」だけでなく、三五年の間にはさまざまな変化があった。

農産物を、地域のグループで受け取る共同購入方式に加えて、個別宅配方式を導入したこと。これは、有機農業の食材の流通としては、初めての試みだった。

また、農産物宅配の業務部門を株式会社とし、並行して社会運動組織をもつこと。これは、社会的にも、既存の農業関係の人々にも、大きな波紋を広げた。

その他にも幾多の変化を経験し、新しい事業にも取り組みながら活動を展開してきた。私より若い世代の社員や会員が活動の中心となってきてもいる。

〈社会のなかで生きていく〉のが企業であるならば、企業のあり方は、常に固定化されたものではなく、時代の変化を映し、あるいはもっと積極的に自らが変化を創り出して生きていく必要がある。ここで、もう一段階、明確な「若返り」を意識的に図ることで、持続可能な組織への確実な橋渡しをしたいと強く願うのである。

そんな思いをこめての「ブランディング」なのだった。

大地を守る会を体感できる空間がほしい

ツチオーネの話に戻ろう。いかにして、カフェ・ツチオーネが開店したのか。

じつは「カフェ」という発想自体、私にはなかった。

私の二〇代三〇代の頃といえば、コーヒーを飲むのは落ち着いたソファのある喫茶店であり、ときにはそこで、赤いトマトソースにまみれたナポリタンとか厚切りトーストなども食べた。コーヒーはどろんと濃くて何杯か飲むと胃にもたれた。みんなが吸う煙草のけむりがもうもうとしていた。いま考えると、ずいぶん身体に悪い場所だったと苦笑する。

しかし、いかにも身体に悪そうな環境ながら、精神的にはずいぶん活発な活動の場だったのだ。何時間も座り込んで議論をしたり、読書会をしたり、ときにはケンカもした。そんな世代の私にとって、現代のカフェは、いまだにかなり面映い空間ではある。

カフェを開店することになったのは、若い社員の熱意からだった。

ブランディングにさいして、外部の専門家を交えたプロジェクトチームを組んで作業を行っていくうちに、まず、「大地を守る会を体感できる空間」をつくろうという声があがった。

大地を守る会は、さまざまな活動をしているが、根幹は有機農産物や生活資材の宅配事業である。その食材を使ったおいしい料理を食べながら、他の活動についても自然に関心を持ってもらえるような場所がほしい。大地を守る会のことをまったく知らない人、あるいは知っていても距離を保っている人にも、全体を肌で感じてもらえる場所がほしい。そういう願いが強まった。

「理念」を言葉や写真で伝えるだけでなく、「あそこに行けば、いつでも大地を守る会の素材を使ったおいしい料理が食べられる」という空間がほしい。また、既存の会員に向けても、気軽にいつもの食材で外食したり、活動について話し合えたり、講習会ができるような空間がほしい。

すでに、東京都心に大地を守る会運営の日本料理店「山藤」が二店鋪あり、そこでは大地を守る会の食材を使った本格的な和食が提供されている。大地を守る会の食材の生産者が訪れ、会食をするさいにも活用されるのだが、店のある広尾と西麻布という場所柄と本格的和食というメニュー構成によって、主な客層は都心でフルタイムで働く人たちとなっている。

広尾の店にはランチもあるのだが、子どもを育てる三〇代女性が気軽に訪れる雰囲気ではない。私たちの活動を、これから三〇代女性にアピールしていくには、もっと女性の暮らしにこちらから近づき、寄り添う感覚の店をつくってはどうか。

そう議論が進んでいったとき、ある社員が手を挙げてこういった。

「私にカフェの運営をやらせてください」

▼当代日本の「カフェ」への認識を新たにする

手を挙げたのは、三〇代の女性であるS社員だった。もともとカフェ運営に対して、強い想い、理想をもっていたという。S社員は、自身が思い描くカフェについての企画書を書き、多くの絵コンテを描き、具体的なカフェのイメージを私たち経営陣に示してくれた。

食べ物だけではなく、カフェの内装や座席のあり方についても、三〇代女性が求めている店、大地を守る会の全体を体感できる空間を実現するさまざまなアイディアが展開されていた。私はカフェという場の豊かな可能性に、目が開かれる思いがした。

私たち大地を守る会は、昔から、何か新しいことをやるときは「この指とまれ方式」でやってきた。すなわち、誰かが「こんなことをやりたい」と発案し、主に社内公募の仕組みで人が集まり、プロジェクトチームを結成して進んでいくのである。

情熱を持った人がやりたいことをやり、周りが支援して大きな渦ができていくときに物事はうまく進んでいく。この事実によって、私たちはずっと「この指とまれ方式」で新しい事業や運動を展開してきた。

このときのカフェ運営も、まさに「この指とまれ方式」だった。カフェ運営を企画したS社員が、自らの理想のカフェを情熱をもって鮮明に表現し、応援しようという大きな渦ができて実現に向かって事が進んでいった。

まず、既存のカフェについてよく知ることから始めた。若い世代の動向に詳しい外部のスタッフに、都内で人気となっているカフェ十数件をリストアップしてもらった。そして、外部スタッフの旗ふりで、経営陣や若い女性社員など数人で、原宿や代官山などの店を丸一日かけてお客として巡ってみた。

最近の人気カフェの傾向は、おおむね「エコ」や「オーガニック」あるいは「スロー」がキーワードとなっており、コーヒーもフェアトレードが謳われているところが多い。飲食だけでなく、本や雑貨などもテーマ性のあるものがさりげなく並べられ、店のメッセージが伝わってくる。

店内に置かれたテーブルや椅子、照明などは、画一的なものではなく、一点一点おもむきが違っていたりする。ちぐはぐに見える椅子やテーブルが、案外高価なアンティークだったりする場合もあり、あるいは内装にまったくお金をかけない店もあるようだ。北欧系のシンプルなデザインも一つの流行であるという。

また、内装などよりも、飲食物の素材や調理法を大事にし、働く従業員への待遇を手厚くするのも一つの傾向だと外部スタッフが説明してくれた。

店員の雰囲気に共鳴する客層が、カフェの根強いファンとなり、そこから新たな活動も生まれる場合も多いという。たしかにどの店でも、店員の、清潔感ある理知的な雰囲気が印象に残ったし、コーヒーや食べ物にも独自の工夫があった。

当代日本のカフェとは「暮らしの提案」の場とも言えるのだろう。そのように認識を新たにしたところで、私たちは実際の物件探しに入った。子育て真っ最中の三〇代女性をターゲットとすると、六本木や青山、原宿といった土地柄ではなく、住宅街にしたい。大地を守る会の既存会員が集中して多く居住していることも条件であり、世田谷区が第一候補となった。

一方、カフェ運営に名乗りをあげたS社員は、より専門的な知識を得るために、一週間の実地研修に入った。あるカフェに実際に勤務し、仕入れや業務の流れ、人の使い方、経理などについて勉強した。

出店にあたって、私たちは「自立できるビジネスモデル」をめざした。大地を守る会の直営店であるが、決して単なるアンテナショップというものではない。本体に依存するのではなく、きちんと営業利益をあげて、地域に根ざした活動もできるかたちにしたい。すべての運動、活動は、自らの足で立つことができてこそ、活動に関わる人々も誇りをもてる。そのために、準備は用意周到に行われていった。

こうして、提案から二年後、カフェ「ツチオーネ」自由が丘店が開店したのだった。

暮らしのにおいのする街で

ツチオーネ開店の地となった九品仏は、冒頭に述べたように、若者に人気の「自由が丘」駅の隣駅である。九品仏駅周辺は、自由が丘文化圏にありながら、親しみやすい暮らしのにおいがする街だ。

昔ながらの商店街が続き、一本通りを入れば閑静な住宅地が広がっている。駅から半径五〇〇メートル以内に、大地を守る会会員も数百人居住している。まさに、私たちのカフェが求めている土地柄なのだった。

そんな街にツチオーネが開店して一年以上経過し、ありがたいことに、すっかり街に溶け込み近所の方たちにも受け入れられたようである。また、会員はもとより、一般の方たちも、評判を聞いて遠くから訪ねてくださる。開店以来さまざまな客層でにぎわっている。

朝から昼にかけては、若いお母さんたちの姿が多い。ベビーカー置き場も設《しつら》えられており、乳児のいるお母さんたちも気軽に入れるつくりとなっている。店の奥のほうには、ゆったりしたソファ席と畳敷きの小上がりのスペースがあり、かなりの人気だという。小さな子どもを寝かせたり、お乳をあげて一緒にくつろいだり、オムツを替えたりすることもできる。

ランチは、プレートや丼が人気だ。肉や魚をメインに野菜がたっぷり。野菜だけのメニューもある。フェアトレードのコーヒー、国産紅茶、日本茶、ジュースなど、デザートも多々そろえている。

大地を守る会の生産者会員から提供される素材はどれも、どこの誰がつくったのかが示されている。調味料や味噌なども大地を守る会で扱う無添加のもの。ごはんは玄米か七分づき米から選んでもらう。パンは天然酵母の香りが漂う。コショウなど一部の香辛料やコーヒー豆を除いて、ほぼ国産の素材でそろえている。

安全性への評価に加え、とにかく「おいしい」ということで、ありがたいことに、ランチタイムには、ときに行列ができるほど多くのお客様が訪れてくださる。

昼下がりの時間帯はやや落ち着き、ゆったり読書など楽しみながらお茶を飲む人も多い。夜は、「農民ワイン」と名づけたテーブルワインなど国産ワインや国産ビール、焼酎なども提供する。ときには、ライブ演奏などの催しもあり、勤め帰りの人たちなどでにぎやかになる。

もうひとつ、ツチオーネの特徴がある。ランチのメニューの横に小さな数字が書き込まれていて単位は「poco（ポコ）」となっている。これは、「フードマイレージ」を計測するために、大地を守る会が独自に生み出した単位である。

つぎの章では、このフードマイレージとは何かを含め、地球環境問題への取り組みについて述べよう。

第3章

「エコ」も楽しく行こう

フードマイレージとポコの話

「温暖化防止」のために何をしていますか？

前章で紹介したカフェ・ツチオーネでは、ランチのメニューに、定価と並んで「poco（ポコ）」の表示がある。たとえば、人気メニューの「野菜たっぷりプレート」には、「1.2poco」と記されている。

この「poco（ポコ）」は、フードマイレージの考え方に基づいて、大地を守る会で独自につくった単位である。「二酸化炭素を一〇〇グラム削減する単位が一ポコ」なのであるが、私たちは、「二酸化炭素を一〇〇グラム減らすと一ポコ」というように数えている。「野菜たっぷりプレート」であれば、このメニューを食べると、二酸化炭素が一二〇グラム削減できるということだ。

「ポコって何？　だいたい食べもののメニューと二酸化炭素削減って、関係あるの？」と不思議そうな顔をするお客さんもいる。

ツチオーネという店名の由来と同様、「よくぞ聞いてくださった」と言いたいところである。関係は非常に深い。その関係を知ってほしくて「ポコ」という、よくわからなくとも覚えやすく親しみやすい単位をつくったのである。

「ポコ」を説明する前に、まず、地球温暖化についての概論から話をすすめていこう。

昨今、地球温暖化が進み、その原因となっている二酸化炭素を削減しようという取り組みが、世界規模で推進されているのは周知のとおりだ。現代文明は、石油など化石燃料を大量に使うことで成り立っている。化石燃料を燃やせば二酸化炭素が排出され、温室効果により温暖化が進んでいく。待ったなしの深刻な状況だと言われている。

先進国と途上国との思惑の違いなど、複雑な問題がからんで、国連などでの話し合いはなかなか進まない。さらに、温暖化については科学者から反論などもある。だが、どのみち化石燃料に頼った今日の暮らし方を見直す必要はある。石油も石炭も天然ガスも、いずれは枯渇するものだし、二酸化炭素以外にさまざまな有害物質も排出され、環境や人の身体への悪影響が大きい。二〇一〇年に起こったメキシコ湾の海底油田の事故のようなことがあれば、その被害は底知れない。

私たちの子孫や多様な生物が、将来にわたって持続的に生きていける世の中であるためには、化石燃料に頼らず、少しずつでも、二酸化炭素排出量を減らす方向をめざさなければならない。

二酸化炭素削減によって経済が立ち行かないという意見もあるが、それは、従来のやり方に固執してのことだ。まったく発想を変えることによって解決可能な問題であるという意見に希望を見い出したい。新たな価値観と発想をもったビジネスモデルの模索が続けられている。

数年前には、日本でもオフィスビルの冷房の温度を上げて衣服で調節しようという趣旨で、

「クールビズ」なる言葉が生まれ、広まった。「温暖化防止」、「二酸化炭素削減」、「エコ」、「スローライフ」という言葉も、世の中に広く定着した。

そうした流行の言葉を上滑りに「利用する」のではなく、その根源を理解し、問題意識を深めつつ、未来を志向する目線で活動していきたいと思う。

では、具体的に「温暖化防止」のために、人はどんなことをしているだろうか。

▼冷暖房を弱くして衣服で調節する。
▼レジ袋を使わない。
▼自家用車を使わず公共交通機関を使う。

などなど。どれも、二酸化炭素排出量を削減する効果はある。しかし、じつはもっと効果的なことがある。それが、「輸入農産物でなく、国産の食べものを食べる」ことなのだ。

▼アスパラガス一本で、クールビズ七日分

レジ袋の代わりにマイバッグを持ち、冷暖房を弱めに調節し、通勤に自転車を使ったり歩く

ような「エコな人」が、オーストラリアのアスパラガス、デンマークの豚肉、アメリカの小麦粉のパン、それにフランスワインといった食事をして何の抵抗もない場面が多く見受けられる。

これらの食品を、すべて国産のものに切り換えたとしたら、ずいぶん二酸化炭素の量を削減できる。それはなぜか。

日本は海に囲まれた島国であるから、輸入農産物を運ぶには、船か飛行機という手段に頼ることになる。船や飛行機を動かすエネルギーには、化石燃料が大量に使われる。日本が食べ物を輸入している国々は、かなりの距離があり、運んでくる過程で大量の二酸化炭素が排出されるのである。

一方、国産のものも、産地から市場やスーパーマーケットに運ぶには、トラックなどを使う。やはりガソリンを使い、二酸化炭素を排出する。

しかし、この両者の二酸化炭素排出の量を比べると、かなりの差がある。遠くから運べば、それだけ二酸化炭素の量も多くなる。したがって、食品を、すべて国産のものに切り換えたとしたら、ずいぶん二酸化炭素の量を削減できるということなのだ。

たとえば、冷房温度を摂氏二六度から二八度、二度だけ上げてネクタイもはずすという運動が「クールビズ」であるが、これを丸一日実行して節約できる二酸化炭素の量は、八〇グラムという計算がなされている。

一方、アスパラガス一本をオーストラリアからの輸入のものから北海道産のものに変えて東京で食べるとする。その場合、五三〇グラムの二酸化炭素が節約できるという計算がある。なんと、一本のアスパラガスを国産にするだけで、クールビズを七日間実行したことと同じになるのだ。

食料の輸入がいかに環境に負荷をかけているかがわかるだろう。

もちろん、クールビズも続けていきたい取り組みであるが、「同じものを食べるなら国産の食料を選ぶ」だけで二酸化炭素が削減でき、温暖化防止につながるということについて、もっと認識を広めたい。

食べものたちの遥かなる旅の果て

「安いからといって、毎日食べるものを地球の裏側から持ってくるのはやめるべきだ」という考え方が、一九九〇年代のイギリスで支持され始めた。そして、各国の食材の輸入について、客観的な数値が示されるようになり、「フードマイレージ」という言葉が使われるようになった。日本でも、時折耳にするようになったと思うが、ここで確認しておこう。

フードマイレージとは、「食べもの（food）の輸送距離（miles）」という意味の造語である。

一九九四年、イギリスの消費者運動家、ティム・ラング教授が提唱したのが始まりで、日本では二〇〇一年、農林水産省農林水産政策研究所が初めて導入した。輸入相手国からの輸入量と距離(国内輸送を含まず)を掛け算した値である。そこに自給率の割合を掛けるやり方もある。数値が高いほど、食べものがたくさん遠くから輸入されているということになる。

二〇〇一年の、人口一人当たりのフードマイレージの国別の数値をあげてみよう。

日本――7,093tkm(単位:トンキロメートル/人。農林水産省発表)
韓国――6,637tkm
アメリカ――1,051tkm
イギリス――3,195tkm
フランス――1,738tkm
ドイツ――2,090tkm

先述したように、食べ物を輸送するには、飛行機や船、あるいは列車やトラックを使う。すなわち、二酸化炭素の排出量が多くなり、ひいては地球温暖化につながっていく。つまり、この値が大きいほど地球環境への負荷が大きいということになる。

日本は断然不名誉なトップを走っている。アメリカの七倍、イギリスの二倍という数字に驚く。この数値は「人口一人あたり」であるが、年間の総量でいうと、日本は、九〇〇〇億トンキロメートルを超える。韓国やアメリカは約三〇〇〇億トンキロメートル、フランスは約一〇〇〇億トンキロメートルとなっており、これも各国を遠く引き離している。

この数値は、食料自給率とも連動するものであり、自給率が四〇パーセント程度の日本と、一〇〇パーセントを優に超えるアメリカやフランスとの食料事情の違いに、いまさらながら愕然としてしまう。

また、輸送のさいに二酸化炭素や有害物質が排出されるだけではなく、輸入農産物は他にも問題がある。現在、日本で輸入農産物が増大した背景には、国内で生産するよりもずっと「安い」という状況がある。その多くは、広大な畑で労働力も安く、手間をあまりかけずに育てたものになる。一部の畑では、農薬も多く使われている。そして、飛行機や輸送船の貨物室に入れ、倉庫で保管するには、収穫後の薬剤散布などの処理も必要になってくる。

近くの畑で採ってすぐ食卓に乗せる野菜と、輸入農産物の「旅」の様相を比べてみれば、同じ食べものでありながら、安全性に差が生じてくるのは否めない。畑で採ってすぐ食卓にというわけにはいかなくとも、国内をトラックで輸送するものとはまったく異なる状況がある。

経済効率と貿易均衡という観点から、食材の輸入は増大していった。安全性は二の次だった。そこには、食べ物が「生命」であり、また、人の身体という「生命」を養うものだという観点が意識されているとはいい難い。ひいては地球全体の環境という大きな「生命」もまた視野の外に置かれていた。

いま、地球全体、多くの生物が深刻な危機に立たされるにいたって、食べものと農業をめぐる環境にも目が向けられつつある。いくら経済が豊かになっても、生命が尽きてしまうのではまったく本末転倒だという事実に、多くの人が気づき始めている。

「地産地消」という言葉で、地域の食材を地域で食べることを進める動きもある。「国産」という言葉も特別な価値をもって語られている。なんとなく「国産」と記されているものを選ぶ人々も増えているのだ。

しかしながら、たとえば二〇年ほど前までの日本では、「国産大豆使用」という豆腐の実態が、「国産大豆は五パーセントだけ使用して、あとの九五パーセントは輸入大豆」という代物があたりまえとなっていた。

食品偽装問題などが繰り返され、誰もが、日本の日常の食べものに問題があることに気づき、「なんとかしてほしい」と思っている。

この「なんとかしてほしい」という気持ちを、「なんとかしよう」という気持ちに変えていく。個人個人が一歩踏み出せば状況が変わるのだと、私は主張したいのである。

一人ひとりが、「本当に国産の食材」をきちっと主体的に選び、もっと積極的に手に入れるように努力し、実際に食べ、自給率を高めていく。それは、「経済効率」から「生命」へと、自らの観点を変えることでもあるのだ。

「ポコ」を貯めて「エコ」

だが、頭ではそういう状況をわかっていたとしても、実際の行動はどうか。今日のランチに何を食べるかというとき、その瞬間の行動はどうなのか。

今日は急いでいるから、忙しいから、手近にあるから、給料日前で節約したいから、などの理由で「安くて手軽な食事」に向かってしまうのではないだろうか。その食材がどこから来たものか、思いをはせる余裕もなく。

毎日の自分の食事が、具体的に地球環境問題とどの程度関わっているのか、危機感をもって感じることは難しい。いま国産を選ぶとして、それで二酸化炭素排出とどのくらい関係があるのかも実感がわかない。

先に述べた「フードマイレージ」は、一つの食材がどのくらいの二酸化炭素を排出しているのかを計算できる仕組みになっている。しかし、ただ二酸化炭素の量が何グラム削減できるという表示では、やはりどうも親しみがわかないのである。また、外食時に二酸化炭素の量がそのまま表示されているのも、なにやら食欲がそがれるような気もする。

大事なことだと頭でわかっていることでも、おもしろみに欠けたり、楽しくないと人の行動は変化をしたり定着していかないものである。また、感覚的、生理的に受け付けられない行動は続いていかない。食べるときに楽しい気分をもちつつ、しかし地球温暖化という深刻な問題にも向き合いたいのだが……。

そんな思いから、私たちは、「二酸化炭素一〇〇グラムを減らすこと」を「一ポコ（poco）」という単位に置き換えることにした。「poco」は、イタリア語やスペイン語で「小さい、少し」という意味だ。「poco a poco」という言葉があって「ちょっとずつ」という意味だという。私たちの行動で、ちょっとずつでも二酸化炭素を減らしていきたいという思いもあって単位として採用した。

また、ドライアイスを水に入れたときの泡が「ポコ　ポコ」と出てくるイメージもあり、「ポコ」という語感のかわいらしさを活かし、多くの人に親しみをもって使ってもらえるよう期待しての命名だった。

二酸化炭素のグラム数を、「ポコ」などという単位に置き換えると、かえってわかりにくいのではないかという意見もあった。しかし、私たちは、輸入品から国産に切り換えた場合に出る

「ポコ」の総量をカウントし、貯金のように貯めていくことを考えた。将来的に、貯まった「ポコ」は、航空会社の「マイレージ」のように望みのアイテムに交換できるようにすれば、楽しみも増すだろう。

「今日の食事で二酸化炭素を八〇〇グラム削減した」というよりも、「今日は国産の素材を食べたから八ポコ貯まったぞ」というほうが、ポジティブでおもしろいという発想である。

計算方法を確認しておこう。

二酸化炭素を一〇〇グラム減らすと「一ポコ」とカウントする。たとえば、パンと豆腐と牛肉とホウレンソウを東京で食べる場合を検討してみよう。

輸入品の二酸化炭素排出量は以下のようになる。

▼パン一〇〇グラム（アメリカ産小麦六〇グラム）▼四二グラム
▼豆腐一〇〇グラム（アメリカ産大豆三〇グラム）▼二二グラム
▼牛肉一〇〇グラム（オーストラリア産）▼三九グラム
▼ホウレンソウ一〇〇グラム（中国産）▼一三グラム

国産の場合は、以下のようになる。

▼パン一〇〇グラム（北海道産小麦六〇グラム）▼八グラム

▼豆腐一〇〇グラム（北海道産大豆三〇グラム）▼四グラム
国産を食べて減らせる量▼三四グラム＝〇・三四ポコ

▼牛肉一〇〇グラム（北海道産）▼一四グラム
国産を食べて減らせる量▼一八グラム＝〇・一八ポコ

▼ホウレンソウ一〇〇グラム（千葉産）▼一グラム
国産を食べて減らせる量▼二五グラム＝〇・二五ポコ
国産を食べて減らせる量▼二二グラム＝〇・二二ポコ

四つの食材の、ほぼ一人一回分の食材を国産のものにすることで、総計約一〇〇グラムの二酸化炭素を減らせる。約一ポコが貯まるというわけだ。

この、「ポコ（poco）」の表示は、まず大地を守る会の商品カタログに掲載されるようになり、会員に浸透していった。さらに、二〇一〇年からは、パルシステム、生活クラブ、グリーンコープの三つの生協と大地を守る会が加盟した「フードマイレージ・プロジェクト」が始まった。全国計一八〇万世帯が関わるプロジェクトだ。また、このプロジェクトには参加していないが、韓国最大の生協（ハンサルリム生協・組合員約二〇万世帯）も、日本の「フードマイレージ」運動に呼応して取り扱い商品に「ポコ」を表示し始めている。

「フードマイレージ・プロジェクト」では、二酸化炭素を一〇〇グラム削減すると一ポコという仕組みで、毎週の買い物でどれだけ「ポコ」が貯まっていくかを記録している。いまのところ、日常的によく食べるにもかかわらず、自給率が低い五つのジャンル、計一七七〇品の商品を、フードマイレージ対象商品とし、海外からの輸入品ではなく国産の食品を買うことで減らせた二酸化炭素の量を、「ポコ」でカウントしている。五つのジャンルとは、主食(小麦、米、パン、麺、もちなど)、大豆製品、畜産物、食用油、冷凍野菜である。将来的には、対象商品をもっと広げていく。

そして、プロジェクトへの参加団体も、今後増やし、協賛してくれる企業も募っていく。貯まった「ポコ」で、地球環境に配慮した製品の買い物ができたり特典を受けられるという仕組みも、準備段階に入っている。

この「フードマイレージ」の運動は、日本の有機農業運動を進めるなかから生まれた。今後は、韓国だけでなく中国などアジアのNGOや農民団体などにも広めたいと考えている。地球温暖化防止のためには、自家用車の使用を減らしたり、テレビをこまめに消したりするだけでなく、日常の食事で何を食べるかによっても、充分貢献できるのだ。自国の農業や食文化を大切にしようという運動にもつながる。

まさに、「有機農業で世界を変える」ことができる、一つの例と言えるのではないだろうか。

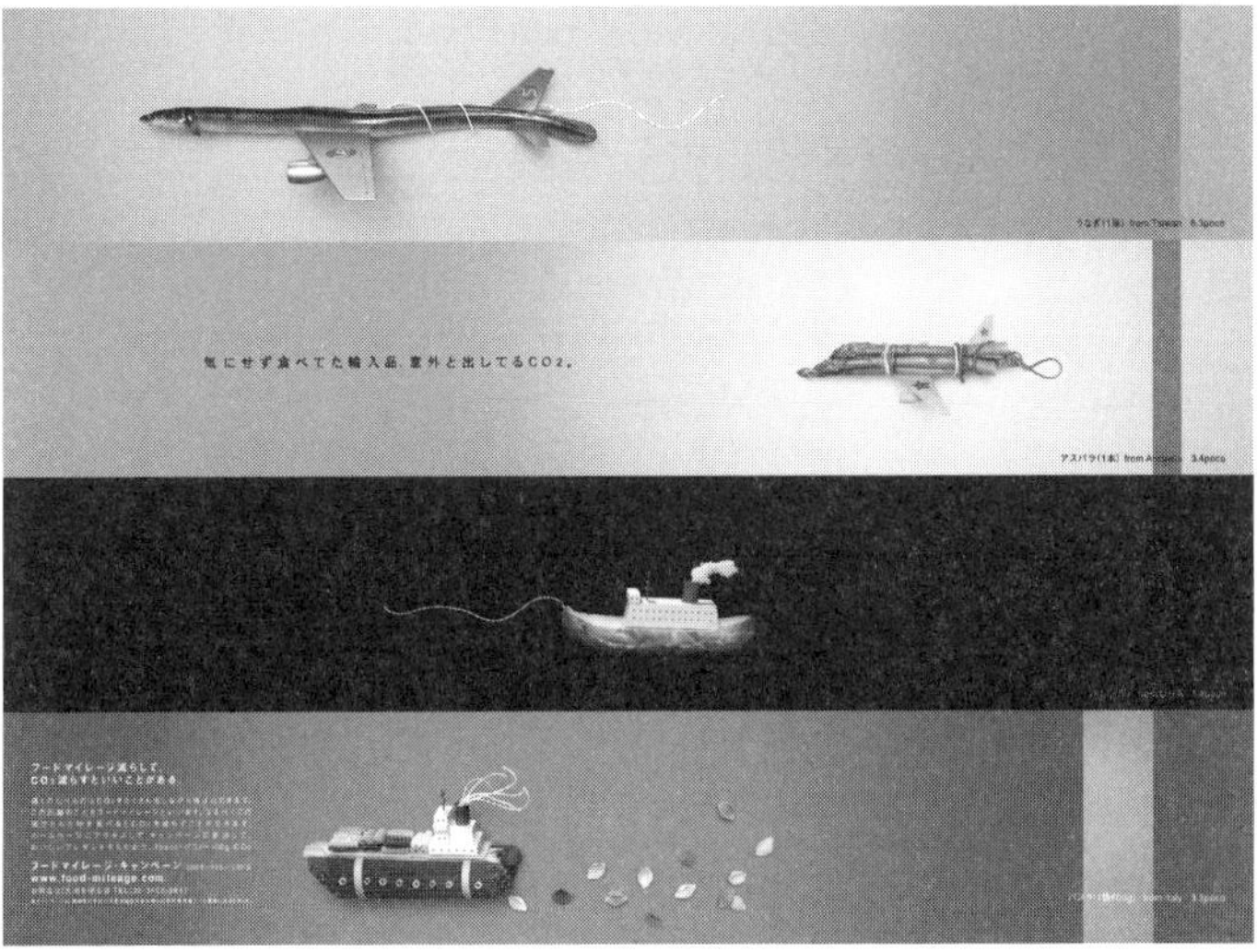

上:二酸化炭素を100グラム削減すると1ポコ(poco)貯まるフードマイレージ。
下:国産の大豆を使用した豆腐一丁で、約0.54poco。

第4章

「運動」は、自立する

一〇〇万人のキャンドルナイト

▼あえて目的を限定しない「運動」

最近、夏至と冬至の日の夜八時に、東京タワーが消灯されるようになった。お膝元の増上寺では、夕方からキャンドルの明かりが灯るなか、多くの人が集まり、夜八時が迫るとカウントダウンが始まる。「ゼロ！」の大音声とともに華麗な東京タワーが闇のなかにすっと消える。歓声と拍手が湧き起こる。飲食物を並べるブースも消灯してキャンドルだけとなり、一瞬にしてどこか別の世界にとんだように幻想的な雰囲気となる。

ステージではアコースティックサウンドに乗って歌声が響いてくる。人々はその歌声に耳をすまし、あるいはキャンドルの灯りを頼りに、ブースで提供されるものを食べたり、酒を酌み交わしたり、また静かに語り合ったり、手をつないだり……。キャンドルが灯るあたたかな空間を共有しつつ、思い思いのひとときを過ごす。

これは、二〇〇三年六月二二日の夏至の日に始まった「一〇〇万人のキャンドルナイト」という催しでのひとこまだ。大地を守る会が事務局をつとめているこの催しでは、毎年夏至と冬至の夜八時から一〇時までの二時間、電気の灯りを消そうという呼びかけをする。参加者は、自主的にそれぞれの場で「電気の灯りを消す」かたちで参加する。また、当日だけでなく二週間ほどの期間、呼びかけは続いているので、各人都合のよい日時を選んで自主的に電気の灯りを消

上：子どもから大人まで、思い思いに楽しめる100万人のキャンドルナイト（2008年度ポスター）。
下：増上寺でのイベント。この夜ばかりは、東京タワーも闇に遊ぶ。

すという行為で参加できる。

東京タワーだけではなく、札幌の時計台やベイブリッジ、姫路城や首里城など全国各地のライトアップ施設一六万か所以上の施設が、呼びかけに応えて夜八時に消灯するようになった。NPOや市民運動団体、企業や自治体などが主催するイベントも九〇〇を超えている。冒頭に述べた増上寺の催しは、大地を守る会が主催するものであるが、催しのかたちはさまざまで、星を見るグループもあれば、地球環境について話し合うグループもある。そういったイベントに参加してもよいし、自宅でも会社でも、どこでもいい。家族と一緒でも一人でもいい。何のために電気を消すのかという目的も人それぞれ違っていい。

この催しの取り決めは「電気の灯りを消す」、それだけ。電気を消す時間だけは決めるけれども、中身は自由。「からっぽの時間」とも呼んでいる。二〇一〇年の夏至には、全国で八〇〇万人を超える人々がキャンドルナイトに参加したと推定されている。子どもからお年寄りまで含めた大きなイベントに成長した。海外でも、韓国、オーストリア、フランスなどに広がりを見せつつある。

「でんきを消して、スローな夜を。」というのが、キャッチコピーであり、多くの人は「地球温暖化防止キャンペーン」や「エコ・イベント」と認識しているかもしれない。実際、環境省の「CO_2削減／ライトダウンキャンペーン」と連動した企画でもあり、そういった意味合いもたしかに大きい。

しかし、私たちは、この催し全体について、あえて目的を限定していない。地球温暖化防止を特に謳おうとしているわけでもない。社会運動として声高に何かの主張を叫ぶことはしない。「共通の目的がない」というところに、この「運動」の特徴がある。

あえて一つだけ目的をいうならば、キャンドルの灯りを囲み、ゆるやかに過ごすひとときを持ってみようということなのである。「いつもより暗い夜」が舞台。その舞台の主役は参加する人全員だ。大切な人と大切な話をするのもよし、一人で好きなことをするのもよし、多くの人と何かを語り合うもよし。どんなことを考えるのか、それは個人に託したい。

一〇〇万人が参加すれば一〇〇万通りのキャンドルナイトがある。多様性が保証されているところが、キャンドルナイトの豊かさと広がりをつくってきたと言ってもいいだろう。

広がれ! 暗闇のウェーブ

一〇〇万人のキャンドルナイトを始めるきっかけとなったのは、二〇〇一年のある出来事だった。

この年、アメリカのブッシュ大統領が発表していた「原子力発電所を一か月に一基ずつ建設する」という政策に反対するアメリカやカナダの人々によって、「自主停電運動」が起こった。

そのことを伝えてくれた辻信一氏（明治学院大学教授）を中心に、マエキタミヤコ氏（クリエイティブ・ディレクター）、竹村真一氏（京都造形芸術大学教授）、枝廣淳子氏（東京大学人工物工学研究センター客員研究員）、それに私を加えたメンバーが、「この運動を日本でもやってみよう」と話し合った。カナダの「自主停電運動」は、原子力発電に反対する意思表明だけではなく、個人個人が「電気を消す」という具体的な行動で連帯したところがおもしろい。話し合いは進み、大地を守る会の若い社員たちの意見も取り入れ、あまり限定的な「原発反対運動」にしてしまうのではなく、なるべく多くの人が参加でき、同じ時を共有し、何かを語り合えるような催しに展開できないかと夢を描いていった。

まず、自分たちでも実際にやってみようということになり、とりあえず「部屋の電気の灯りを消す」ことをしてみた。当然真っ暗になる。ある人の家では子どもたちは怖がって泣き出すし、大人も我慢大会か肝試しのようになってしまう。これでは、語り合える環境というものではなかった。

ある若手社員の提案でキャンドルを灯してみた。真っ暗ななかにキャンドルを灯すと、見慣れた空間がまったく違った雰囲気となる。小さな光を中心に人が集まり、話す声も落ち着いたものになり、居心地のよい場が出現する。たった一つの小さな行動で、いつもと違う時間が流れる。誰でも、どこでも、気軽にでき、それでいてがらっと場の空気を変える力を持つ。

二〇〇二年一〇月、まず大地を守る会の消費者会員に「電気の灯りを二時間だけ消してみよう」と呼びかけてみた。一万人くらいの消費者が参加した。子どもにロウソクの灯で絵本を読んで聞かせた。普段なかなか全員で夕食を食べない家族が、ロウソクの灯で一家団らんを過ごした。ロウソクの灯でお茶を点ててみたら不思議な感動を覚えた。電気を消してピアノを弾いてみた。多くの感動的な感想が寄せられたのである。

シンプルにして劇的。そこから何が生まれるか、可能性に満ちていると思った。こうして「キャンドルナイト」の構想が始まったのだった。

では何のための運動、あるいはイベントなのか。日本でも「原子力発電反対」を前面に出すのか。それとも地球環境全体のことを考えようと呼びかけるのか。「平和を願うためのイベント」にするのか。

また、何月何日に行うのかも議論となった。地球のことを考える「アースデイ」か。平和を願うのならば「終戦記念日」にするるか。

長い議論の果てに出た結論は、一人ひとり目的が違ってもいいのではないか、ということだった。統一スローガンを掲げた堅苦しい「運動」にするはやめ、多くの人が、それぞれ気軽に参加できるようにしようということになった。

そのためには、国々の文化や社会事情といった人間の都合で決められた記念日ではなく、地球のどこにいてもみんなに共通でやってくる日にしよう。そうだ、夏至の日はどうかという提案に、皆が賛成した。

主義や主張、立場や国籍の違いを超え、地球上の人々が、同じ日にただ電気の灯りを消してキャンドルの光で過ごしてみる。私たちは、ただその一つの行動を呼びかけるだけだ。舞台を設定し、あとは自由に行動し、考えてもらえばいい。

たくさんの国の人々が参加してくれたとしたら、宇宙から見た地球には、派手な電気の光は消え、暗闇のウェーブが広がっていくだろう。ウェーブの広がりを願って、「一〇〇万人のキャンドルナイト」という名前をつけた。

変化は、ゆるやかな連帯から

そんなきっかけで始まった一〇〇万人のキャンドルナイトは、いまでは一〇〇万人をはるかに超える人が参加するようになった。

参加者の過ごし方はさまざまである。

「キャンドルの灯りでファミリー・コンサートを開いた」

「恋人と平和について話した」

「キャンドルの灯りでお風呂に入った」

「ていねいに食事をつくって食べた」

「家族のためにギターを弾いた」

「ゆっくり食後の時間を過ごした」

「家族で将来のことを話した」

などなど、であった。


いつもより落ち着いて過ごせたとか、照れくさいような話題を自然に話せたという感想も多かった。多くの人が、小さなキャンドルの光の美しさとその周りに人が集まる光景のあたたかさを語っていた。

批判もある。「たった二時間、電気を消す。それも、灯りだけ消して何の意味があるのか」、「電気を消しても、キャンドルを燃やせば二酸化炭素が出てまったく無意味」、「危ない」、「エコやスローライフを謳ったただの祭りに過ぎない」などなど……。

それはそうだ。一年に二回、たった二時間電気の灯りを消すだけで、地球環境に大きく影響するものではないだろう。キャンドルも、石油製品からつくられたものを使えば、環境によくない。使い方しだいで火事になったりという危険もあろう。こうした批判ももっともなことだと受け止めている。

ただ、私たちがこの催しを通じて人々に投げかけたいのは、「主張」ではなく、先述したように「場」の設定なのだ。いま、電気の灯りを消した自分の部屋のいつもの場所に坐っていながら、いつもと違う時間を過ごしてみる。同じ場所でありながら、一つの行動でいつもと違う「場」になる不思議さを投げかけたい。

そして、「想像力」の提案でもある。その「場」で、日ごろ忘れがちな何かに想いをはせる時間をもってみる。八〇〇万人を超える人々と、「電気を消す」という行為でつながっていると想像してみる。その時間がきっかけとなって、次の行動へと踏み出すことができるのではないかという期待感もある。

たとえば、「地球環境のことを考えて電気を消そう！」という啓蒙主義的な押し付けでは、現代の日本人は行動を起こさなくなっているように思う。情報も多いなかで、人は、上から啓蒙されて動くことを嫌う。たくさんの価値観のなかから、自分に合ったものを選びながら、どことなく浮遊するように動いていく。しかし、ゆるやかに人とつながることも求めているのではないだろうか。

主義主張にしばられないかたちでのゆるやかな連帯。それは、インターネット上でのつながりにも見られるものであろう。一〇〇万人のキャンドルナイトの広がりも、インターネットの力を大いに活用したものだった。こうした人のつながり方に賛否両論あるにしても、現代社会において無視できない様相だ。よくない点をあげつらうよりも、新たな価値観や優れたところを評価していきたい。

まず参加してみる、つながりをもつ。そこから社会は始まり、変わっていくと信じている。

グリーン電力＝運動が事業として成立するモデル

大地を守る会の運動と事業は常に連動し、さらに一本化しようとしている。一〇〇万人のキャンドルナイトにおいても、たとえば、「キャンドル」という一つのものについて考察し、現在多く売られている石油製品ではなく、ミツロウや植物由来成分からつくられるキャンドルを提案するというように。

また、増上寺のイベント会場において、キャンドルに置き換えた「灯り」以外に、多くの電力を使用するライブ演奏などには一〇〇パーセント「グリーン電力」を使用するようになった。

グリーン電力とは何か。環境エネルギー政策研究所の解説を参考にさせてもらいながら、説明しておきたい。

グリーン電力は、一九九〇年代初頭にアメリカで始まった取り組みである。電気を生み出すためには、いろいろなやり方があるが、従来は石油など化石燃料や原子力を使ってきた。このやり方は、環境に与える負荷が大きく、二酸化炭素やその他の有害物質、廃棄物が多く排出される。それに対して、風力、太陽光、バイオマス、マイクロ（小型）水力、地熱、海の潮の満ち引きなど、いわゆる自然エネルギーによって発電された電力のことを「グリーン電力」と呼ぶ。また、こうした電力を選んで購入する仕組みそのものを「グリーン電力」と呼ぶ場合もある。

また、自然エネルギーであっても、大規模なダムによる発電などは、貴重な自然を大きく破壊して得られるものなので、グリーン電力の対象からはずれるなど、検証と認証の制度も設けられる。

化石燃料は二酸化炭素や有害物質を排出するだけでなく、将来枯渇することは明白である。一方、グリーン電力に使われる自然エネルギーは、二酸化炭素や有害物質を排出せず、かつ枯渇しないエネルギーである。地球環境に負荷が少なく持続可能だという価値がある。つまり、環境価値部分が評価される電力なのである。

私たちは、一般の商品を購入するさい、原材料やその産地を確認することが多くなっているが、電気に関してはどうだろう。自分が使っている電気が、どこでどのように生み出されたのかわかりづらい。生産地や原材料のはっきりした電力を購入することも、消費者としての権利と考えられる。

すでに、アメリカの多くの州やヨーロッパの一部では、電力自由化がなされたこともあって、グリーン電力料金というシステムが導入されている。このシステムは、消費者が電力会社などから、自分が使いたいと思う電源を選択できるものだ。たとえば、「一〇〇パーセント風力」、「風力と水力のミックス」、「風力と従来型電力のミックス」など、いろいろなメニューがあり、そのなかから自由に選ぶことができる。日本でも電力市場の自由化が進展しつつあり、近い将来、ごく普通に選択できるようになると見込まれる。

グリーン電力料金には、従来の電力料金よりも高い値段が設定される。寄付が上乗せされており、消費者がグリーン電力料金を支払えば、その寄付が集まって「グリーン電力基金」となる仕組みだ。この基金は、自然エネルギーによる電力設備の建設や運営の助成にあてられる。日本では、生活クラブ生協札幌が最初に始めており、現在「グリーン電力基金」に発展している。また、電力会社一〇社も「グリーン電力基金」制度をつくり、消費者からの寄付を募って自然エネルギー発電設備設置の助成を行っている。

また、「グリーン電力証書」というものもある。これは、グリーン電力がもつ二つの価値、すなわち「エネルギーとしての価値」と「環境価値」のうち、環境価値の部分だけを取り出し「証書」のかたちにして販売する仕組みだ。現在日本では、日本自然エネルギー、自然エネルギー・コム、太陽光発電所ネットワークがグリーン電力証書の取り扱いを行っている。

たとえば、家庭でも、太陽光発電パネルを設置した場合、発電した電力を電力会社に売ることができる。そのさい、発電に伴って生まれる「環境価値」を証書にして売ることができる。この証書を買った人は、自分が消費した電力を組み合わせることによって、太陽光発電による電力を使ったとみなされるわけである。「環境価値」というものが、やりとりされるもので、この仕組みを活用して、製品の製造やサービスの提供を行っているものも登場している。日本では「風で織るタオル」や「自然エネルギー一〇〇パーセントライブハウス」、「バイオマス電力三年分付き分譲住宅」などがあり、大地を守る会の「一〇〇万人のキャンドルナイト」の催しも「一〇〇パーセントグリーン電力」となっている。

欧米では「グリーン電力ビール」や「グリーン電力電話サービス」などもあり、消費者はこうした製品・サービスを選択することで、グリーン電力を間接的に使うことができる。

このグリーン電力のような仕組みは、地球環境に対する負荷を軽減しようという「運動」が、そのまま「事業」として自立していくものだ。地球環境をよくしようという理想を実現することが、そのままビジネスモデルとして成立していく、一つの例となっていくだろう。

私たち大地を守る会も、社会的企業として、このようなモデルをつくりだすことをめざしている。

第5章

提案型運動は、こうして事業になった

不揃いな虫食いたちのドラマ

おいしくておもしろいから三五年続いた

「大地を守る会の活動を三五年続けてこられたのはなぜですか?」
と聞かれることがよくある。

私は、「扱う食べ物がおいしかったから」と答える。質問した相手は、軽い冗談のように笑うのだが、これは事実なのだ。

農薬の害を説き、有機農業のすばらしさをいくら語ったところで、目の前の食べ物がまずかったとしたらどうなのか。多分、ほとんどの人が、その食べ物を「ずっと買い続ける」ことはないだろう。

私が三五年前に出会った有機農法でつくられた野菜たちは、形は不揃い、虫食いだらけのものだった。だが、食べてみれば、おいしかった。

ダイコンは、みずみずしく、甘く、ひりりと辛い。ただ口当たりがよいのではなく、目が覚めるような清い味。

キャベツも、外葉はたしかに虫食いで編み目のようになっていたが、何枚かむいていけば、輝きをもった薄緑の葉っぱが現われる。ぱりっとした食感とともに広がる濃い甘味があった。

それなのに、当時はそのダイコンもキャベツも、普通の流通ルートには乗らないものだった。市場でも農協でも、「こんな野菜は扱えない」と拒否される。なぜか。形が不揃いだから。虫食いがあるから。

「おかしいじゃないか。こんなにおいしいのに……」

この素朴な感情に突き動かされ、三五年やってきた。

もうひとつ、三五年続けてこられた理由をあげると、「自分たちがおもしろがってやってきたから」ということだ。

質問者は尋ねる。

「有機農業はいまでこそ社会的に広く認知されていますが、昔は批判的な目も多くて大変だったのではないですか？　有機農業の宅配事業も苦労が多かったのではないですか？　それでもおもしろがれましたか？」

たしかに、特に初期の頃は、有機農業に対する理解度は低く、逆風につぐ逆風だった。同じ有機農業をしている人たちからも批判を受けたことは、第1章でも述べた。

その逆風をおもしろがったわけではない。当然のことながら、こちらも真剣に受け止めた。だが、その逆風のなかを歩いていくことを嫌だとは思わなかった。少なくとも、誰もへこたれてはいなかったのだ。

逆風の吹かない、用意され整備された大きな道を歩くのでなく、誰も歩いたことのない薮の中に飛び込んでいき、自分たちで道をつけていくということが、おもしろかったのである。

▼「つながり」をつくることが私たちの仕事

三五年前、有機農産物を売るという事業に初めて携わった頃、具体的にどのように道をさがしてきたのか、振り返って、簡単に述べておきたい。

学生運動の嵐が過ぎ、私は小さな出版社に勤めていた。一九七四年のこと、私は何気なく週刊誌をめくっていて、水戸の医師、故高倉熙景《ひろかげ》氏の記事にふと目が止まった。

高倉氏は、戦時中陸軍医として毒ガスの研究をしており、帰国後に歩いた日本中の田畑から、毒ガスに使用する成分と同じＤＤＴの臭いがしてくるのに驚いたという。その後、故郷の水戸で、付近の農民と共に農薬を使わない農業を研究していると記してあった。当時は、いまでは禁止されている多くの農薬を使用していた。

さっそく水戸にでかけ、話を聞いた。私の目の前に、農薬を使わないでつくられた野菜が山と積まれていた。つくった農民は「虫食いがあっても、手間をかけて育てているからね。農薬かけて化学肥料でパパッと育った野菜よりも、ほんとはおいしいんだよ。だけど、売れない」と言った。

おいしく、しかも安全な野菜を食べたいという人はきっとたくさんいるはずだ。そう思った私は、軽い気持ちで「私がなんとかします！」と言ってしまった。

だが、私があてにしていた生協などの流通ルートからは、全部断られた。無農薬野菜には関心を示してくれた。でも「安全で手間をかけてつくったのだから高く買ってほしい」と頼むと驚かれる。「えっ、虫食いだから安いんじゃないの？　それじゃ扱えない」と断られるのだ。

この野菜を食べたい人たち、食べたら喜ぶ人たちは世の中にたくさんいるはずなのに、その人たちをどうやって見つけるのか。どうやって届けるのか。道筋に、まったく見当がつかなくなった。インターネットなど影も形もない時代、宅配便すらなかった時代の話だ。

仲間と一緒に、会社が休みの日に水戸まで行き、畑でつくられた野菜を軽トラックの荷台に積み込み、人がたくさんいそうな東京江東区の団地に運んだ。そこでゴザを広げて野菜を並べ、農家の人たちも一緒に「おいしくて安全な野菜だよー！」、「虫食いのダイコンとキャベツが来たよー！」と声を張り上げる。通りかかった誰かが手にとる……。そんな行き当たりばったりともいえる売り方を始めた。

買ってくれる人たちは、「田舎で昔じいちゃんがつくっていた野菜を思い出す」、「こういうダイコンが食べたいのにスーパーでは売ってない」などと言いながら喜んで食べてくれた。地方から上京した人たちは、子どもの頃に食べた野菜の味を覚えていたのだろう。

「おいしいからまた来てね」といわれ、定期的に青空市場を開く。やがて、青空市場は評判になり、買いたいという人は増えていく。グループをつくってもらい、翌週の注文をとってその拠点に野菜を運び、分け合ってもらうという共同購入システムができあがっていった。

欲しい人を見つけること、そしてそこに届けること。つまり、既存のかたちではない新たな「つながり」をつくることが、私たちの大きな仕事なのだと認識できた。しだいに大忙しとなり、とうとう出版社を辞めて、本格的に取り組み始めた。少しずつ「つながり」が増えていく手応えがあった。

その後、伸び続けていた契約者が少しずつ減った時期があった。数字を分析したり、話を聞いたりしてみると、働く女性の増加で、共同購入のあり方にかなり無理が生じてきていることがわかった。

ちょうどその頃、ヤマト運輸で「宅急便」事業が始まっていた。いまでこそあたりまえの一戸ずつ小さな荷物を配達する戸別配達は、当時の運送業界では非常識だと思われていたのである。「大型トラックによる大量輸送」でコストを下げるのが常識。「宅急便」は、その逆をいく発想である。その後、常識をくつがえし、宅急便が世の中に受け入れられ、他社も一気に追随していったのは周知のとおりだ。

私は、宅急便の社長の本を熟読し、さっそく宅急便方式を取り入れた。自前のトラックで一

上:泥つきニンジンもおいしさで評判に。
下:70年代の青空市場のにぎわい。

戸ずつへの配達を始めた。これは非常に喜ばれ、最初は狭い範囲での実験的なものだったが、徐々に配達範囲を拡大していった。

その間、数々の難問が起きた。特に初期の頃は、慢性の資金不足で満足な大型冷蔵庫すらなかった。無農薬で育て、収穫後も薬での処理をしない野菜は、輸送途中で病気が進行したりする。だから、あっちの倉庫でジャガイモが腐りだし、こっちの小松菜は虫食いでレース状になる。また、届いた野菜をなるべく早く会員に届けなければいけないと、急いで仕分けをして箱詰めする。その過程で間違いも起き、会員に届いた野菜の種類や数がまったく違っているような初歩的なミスも起きた。野菜を運ぶトラックが雪道で往生し、中の野菜が凍って全滅してしまうこともあった。

ともかく、届いた野菜を受け取って仕分けるだけでも精一杯なのだった。それに加えて、朝から晩まで、ひっきりなしに起こる事件に、対応し続けた。考えてみると、なにかが起きて、それを乗り越えることに集中していたから、「大変だ」と思う間もなかったのだろう。頭を抱えているよりも、どういう方法があるのか、どうすれば次によくなるかを考え実行することに全力を注ぐ。そして、皆でアイディアを絞り出して効果が目に見えることは、やはりおもしろかったのである。

解決策を見つけ出し、つぎの一歩を踏み出すには、仲間同士の徹底した議論が付きものだった。生産者会員とも消費者会員ともよく話し合いの場をもった。徐々に有機農業の技術も上がっていった。資金を集めて念願の大型冷蔵庫を買い、野菜の保管もできるようになった。箱詰めの手順にも工夫を重ねてミスが減った。

一つずつ、まったく新しいことを自分たちで考え、進んできて、いまがある。

つまるところ、「おいしい」、「おもしろい」が、私たちの原動力だった。それは、三五年目のいまも、これからも変わらないだろう。

暮らしのあり方を提案する

大地を守る会は、三五年の間に、さまざまな社会運動に関わってきた。設立当初は、社会運動として有機農産物を広げていくかたちで始まり、やがて、有機農産物の宅配を中心とする事業は株式会社の持ち分とし、多くの社会運動はNGOの持ち分とし、常に互いが互いの利点と欠点を補いつつ車の両輪のように進んできたのだった。いま、さらに時代が進み、その事業と社会運動が一体となった道を選択しようとしている。

このように、かたちは時代に即して変わっていくけれども、運動のあり方は一貫して「提案型」をとっている。

つまり、既存の社会、暮らしのなかでおかしい点をみつけ、その点に「反対」の意思表明をし、「そのかわりに、こんなやり方もあるよ」と提示する。提示するだけでなく、自ら事業を展開し、モデルをつくっていく。

その過程で、何度もいうように、なるべく「楽しく、おもしろがれるやり方」をこころがけてきた。というのも、いくらよいことでも、あまりに生真面目過ぎたり、我慢を強いるようなやり方では、続いていかないからだ。有機農産物が、おいしくなければ買ってもらえないのと同じ理屈である。

現在、大地を守る会は、地球環境に関わるさまざまな社会運動を展開している。

私は、こうした社会運動に、できるだけ多くの人に抵抗なく参加してほしいと願う。そして、身近な問題として具体的な暮らしのあり方の「提案」を常に考えるようにしたい。

たとえば、原子力発電反対運動を例にあげれば、私たちは、青森六ヶ所村の再処理工場に反対の意思を表明している。しかし、ただ声高に反対を叫ぶだけではなく、原子力発電をしない場合、どのような仕組みで生活していくのかを考える。

一足飛びにまったく電気を使わない暮らしに戻れという人もいるかもしれない。しかし、大方の人にとって、それは現実的とはいえない。だから、現在の文明の恩恵も受け入れたかたちで代替案を考えてみる。太陽光パネルを使ってはどうかという提案をする。そして、実際に販売して事業として展開する。

また、第4章の「一〇〇万人のキャンドルナイト」で述べたように、グリーン電力を利用するモデルを増やしていく。

事業とはもともと「利益追求」をするものであるが、それはその事業が持続可能な状態が保たれる範囲での「利益」であり、その利益をよりよき社会の実現のために有効に使って「理想追求」をしていくのが本来の姿なのだ。大地を守る会の場合、日本の第一次産業を守り、持続可能な社会の実現に向けて具体的な仕組みを考えていくために、事業を展開していく。

社会も企業も理想を現実化する場だ

具体的に「いまと違う暮らし」のモデルをつくり、そのモデルを小さくとも事業として成功させていくこと。それは、大いに効果的な社会運動となるだろう。国レベルで解決が難しい温暖化防止対策などにおいても、民間の事業が、国を超えて新たな動きをつくりだすことも可能であろう。

「こんな社会をつくりたい」という理想を広く市場に訴え、共鳴する人たちが出資して事業を展開していく。第1章で述べた「社会的企業論」のとおり、私たち大地を守る会のみならず、こうした企業が、これから世界中で主流となっていけばよいと思う。いや、主流とならなければ持続的な社会は築けないだろう。

それでも、理想と現実は違うという想いは、多くの人の心に根強くある。しかし、その潜在意識こそが生きる元気を削ぐものだ。企業も個人も、そうした「ねじれ」を抱えているが故に、どこか厭世的な気分が社会全体を覆ってしまったのだと思う。

まず、潜在意識から変えていこうではないか。

現実社会とは、理想を追求するための「場」なのだと。

企業とは、同じ理想をもつ仲間が集まって行動し、理想を現実化する「場」なのだと。

その「場」は、最初から社会すべてでなくてもよいのだ。まず、小さなモデルをつくって、それを成功させることから始めればよい。

たとえば、私たち大地を守る会にしても、同心円的に拡大して均質な組織をつくろうなどとは考えていない。社会のなかで、大地を守る会の考え方に賛同する消費者の割合は、せいぜい一〇〇人のうち二人か三人だ。それでよいのである。

私たちは、その割合であっても、まず、私たちのやり方のモデルをしっかりとつくる。しかし、そのモデルのなかで内向きに納得し合うのではなく、きちんと社会に向かって「こんなやり方があるんだ」と見せ、アピールしていく。

そのモデルを見て、他の組織が「あれはウチでもできそうだ」と思ったら、取り入れてくれればいいし、もっと工夫してもっとよいやり方でやってくれたらよい。多くの「小さなモデル」が、多様性を維持したまま、創意工夫してあちこちで少しずつ現状を変えていく。共鳴できるものがあれば、ゆるやかに連帯して行動していく。それが、社会全体をよい方向に大きく変えていく運動になっていけばよいと考えている。

農薬の問題は「反対」だけでは解決しない

私たちが運動のあり方を深く切実に考えるようになったのは、出発点である農薬の問題が契機だった。

社会運動の始まりは、社会のなかで「おかしい」と思うことに対して異議をとなえることだ。いわゆる「告発」、「反対」、「糾弾」である。公害問題などでは、大企業を糾弾し、いままでのやり方をやめさせるという運動の仕方が有効に働く。あるいは、戦争に反対したり、政府の政策に反対を表明して政策の変更を迫るということもある。大地を守る会の創立メンバーは、学生運動経験者が中心であり、激しい「反対型」の社会運動を経験してきた。

学生運動は、結果として挫折を迎えた。大きな傷を抱えたまま社会のなかで働き始めた。そんなときに、農薬を使っていない野菜に出会った。

当時の農薬は、特に直接的に身体や環境に大きな害を及ぼすものも含まれており、使用量や使い方もあいまいだった。基準値を超える農薬の害が出ていた。無農薬野菜は、そうした農薬の害を身に沁みて感じていた人たちが、研究を重ねてつくったものだった。

「こんなにおいしい野菜が流通しないのはおかしい」と思った。農業全体のあり方がおかしくなっていることも理解ができた。多くの啓発的な書物も読んだ。第一次産業がおかしくなった国は、全体がおかしくなる。この根源的な問題をどうにかしたいと強く思った。

しかし、どうすればよいのか正直わからなかった。農薬の問題は、告発や糾弾だけでは解決しないということに気がついたのだった。

たとえば、「農薬反対！」というスローガンを掲げたとしよう。それは、誰に対しての呼びかけとなるだろうか。農薬を使う農業を押し進めている国家の政策に異議を申し立てることではある。そして、農薬をつくっている会社や農薬の使用を勧めている農協への呼びかけでもある。だが、現実的には、農業で生活している農家の人たちすべてに向かって、農薬を使わないで農業をしてほしいと頼むことになるだろう。

私が三五年前に話を聞いた生産者はこう言った。

「農薬をまいたビニールハウスに入るとすぐに気分が悪くなる。あんなところに誰も好き好んで入るわけじゃない。露地の畑だって同じだ。だけど、虫食いのキャベツや形の悪いトマトを買ってくれる人はいないんだよ」

自家用の野菜は無農薬で育て、出荷用には農薬を使用する農家の人も多くいた。出荷の基準に合わせるには、農薬は必須のものだった。農薬が身体に悪いと肌でわかっていても、使わずには生活していけないのである。

また、農薬を使う農業から、農薬を使わない農業へ完全に転換するには時間もかかり、技術も必要だ。その間の生活は誰が保証するというのか。「反対」をとなえる私たちが何の保障もしないのに、ただ農薬を使わないでくれと頼んでも、まったく現実的ではない。これでは、運動にはならない。

先述のように、私たちは独自の道を見つけながら、有機農産物の宅配事業を確立してきた。そのことを、分析して述べるならば、農薬の問題は、三つの段階での問題点を同時に解決する必要があると考えたのだった。

三段階の問題点を把握する

三つの段階とは、「生産の現場」、「流通」、「消費の現場」である。それぞれ以下のような問題があった。

❶生産の現場——生産技術の開発

農薬や化学肥料を使わない農業をするには、虫の害や病気をどう防いでいくのかが大きな問題となる。かつての伝統的な農業では、虫の害と病気を防ぐために相当の手間がかかり、農民は重労働だった。農薬と化学肥料の登場が、農民をその重労働から解放した。生産量も格段にあがった。しかし、そのかわりに、過剰な農薬と化学肥料による環境汚染や農民の健康への悪影響が、新たな問題となった。「一時的」に生産量があがっても、「永続的」に同じ土地で農業を続け、人が安心して暮らしていくためには、農薬と化学肥料に頼らない有機的な農業が必要なのだとわかってきた。

しかし、農薬や化学肥料を、ただ排除しろというだけでは、「かつての重労働に戻れというのか」という反発が大きい。そうではなく、伝統的な農業に立ち返るとともに、新たな生産技術を開発していく必要がある。実際に、当時の先進的な有機農業者は、新たな技術を研究し、生産現場に適用していた。その結果、虫害にも病気にも冷害などにも強い農業を展開しつつあった。堆肥のつくり方、天敵利用、拮抗作物、輪作体系の研究など、新たな技術を獲得することで、有機農業は成り立つ。

技術開発をすすめ、生産現場に広く適用し、なお生産量を維持する工夫をしていかなくてはならない。新たな有機農業の技術、生産方法が確立されないと、有機農産物は広く供給できないという問題が見い出された。

❷流通――流通のシステム

せっかくつくった有機農産物が、消費者に届けられなければ農家の人は収入を得られない。農村から都市にどう運ぶのかが、当時の大きな課題だった。先に述べたように、当初は市場も農協も生協も、相手にしてくれず、輸送に協力してくれなかった。有機農業者のなかには、知り合いを通じて消費者グループと提携するかたちをとっている人たちがいたが、農民が自ら自分のトラックで運ぶなどの方法がとられていた。

有機農業を広げていくためには、農民自身で運ぶことには限界があり、既存の流通ルートに頼らないシステムが必要とされていた。

❸消費の現場――消費者の価値観の構築

有機農産物は、たしかにおいしい。しかし、虫が食っていたり、形が不揃いになることがある。有機農業の技術が進むうちに、虫の害にもまけず、外観も立派な野菜ができるようになるのだが、それでも、多くのスーパーマーケットに並ぶ野菜とは、異なるものも多い。野菜の大きさが不揃いなのは自然のことであり、健康の証だ。それなのに、消費者は、泥も完璧に落ちたつくりもののようなきれいな野菜、何ミリも長さが違わないほどの粒揃いに選ばれた野菜に慣れてしまっていた。

この状況は、販売する店や箱詰めする流通業者の都合でもあった。自然から切り離されたところで、きれいで便利な生活を追求する都市全体が、本来の野菜から遠く離れ、工業生産物のような画一的なものをつくりだす〈努力〉をしてしまっていたのだ。

一方で、消費者の多くも身勝手だった。きれいな台所を汚したくない。手が荒れる仕事は減らしたい。手間をかけたくない。なるべく安いものがいい……。多くの消費者が求めるものも、「生きた野菜」よりも「食品」なのだった。

その結果、腐りにくく、持ち運びに便利で、並べてきれいに見える野菜があたりまえになってしまった。農薬の害が問われるようになってから、安全でおいしいものを求める消費者は少しずつ増えていった。しかし、安全な野菜といいながらも、やはり、生理的に虫はいやだとか、見かけが悪いものは受け付けないという人もいる。こうした環境に、すぐに有機農産物を農村からそのまま持ち込もうとしても、数々の衝突が起きてうまく受け止められない。

まず、都市の消費者に、本来の野菜とはどういうものか、畑とはどういうものか、農薬を使わない野菜とはどういうものか、新たな価値観を持ってもらい、有機農産物を受け入れる土台をつくる必要があった。

生産――流通――消費を同時に「革命」する

以上の三つの問題に同時に取り組み、生産現場では新技術を開発し、流通段階で新システムをつくり、消費者意識を変え新しい食文化にまでもっていくことをすべて達成しなければ、有機農産物は社会に広がらないことがわかったのだった。

これは、三段階同時の革命といってよいだろう。政府や大企業に「反対」をとなえたり、何かをしてもらうのを待っているようでは、何も変わらない。

有機農業生産者や一部の消費者のなかには、社会に広がらなくとも、仲間うちで有機農産物を食べ、生産者を支えていけばよいではないかという人たちもいた。有機農業に理解のない人たちにこちらから話を聞いてもらう必要はないという人もいた。それは一つの考え方ではあろう。話を聞いてもらいたくとも、異端者のような扱いを受け続けた故の孤立した思いであったかもしれない。

だが、私には、社会全体に、環境に負荷を与えない農業を広めていきたいという願いがあった。めざすのは、持続可能な社会の実現なのである。社会全体が持続していかなければ、個人の安心な暮らしはおぼつかないだろう。

社会全体に有機農産物を広げていくためには、多くの仲間の協力がいる。生産者も消費者もたくさんの人が関わってほしい。それには、当時NGOというかたちの脆弱な団体だった組織の形態を変えていく必要があった。

現在であれば、NPO法人というかたちを選択していたかもしれないが、一九七〇年代には、NPO法人の存在はなかった。私たちは議論の末、仲間の発案から株式会社を設立した。「日本の第一次産業を守る」を社是とした株式会社だ。生産者会員と消費者会員に出資してもらい、資本金一六九九万円が集まり、有機農産物の宅配事業をする株式会社大地をつくり、一方で、社会運動をてがけるNGO大地を守る会も置いた。

株式会社にしたことで、外部や有機農業者からも批判や非難を浴びたのは、予測済みだった。儲け主義に走ったとか、裏で過激派の資金づくりをしているとか、あらゆることを言われたがそれも折り込み済みのこと。

株式会社にしたことで、逆に私たちは外側からの目を意識した。利益第一主義や経済合理主義に走ることをいつも戒め、民主的に開かれた株式会社であることをめざした。その後、有機農産物の宅配事業が成り立っていった。有機農業の新しい生産技術、流通段階でのさまざまな工夫、そして新たな価値観をもった食文化の提案がなされていった。三段階の問題解決のモデルとして、株式会社を選択したことは極めてまっとうな判断だったと振り返る。

それは、事業でありつつ、画一的な大量消費型文化とは違う価値観をもった消費文化を、社会に提案する運動ともいえるだろう。

提案型運動が事業として成立した初期の事例

こうして、「提案型」の運動が、大地を守る会の基調となった。以下のような大地を守る会初期の事業も、提案型の運動が自立した事業に展開した例である。

▼一九七九年――学校給食の食材の問題に取り組み「全国学校給食を考える会」を発足。大地を守る会の食材を学校に納品。

▼一九七九年――ハムなど加工品の添加物の問題に取り組み、無添加「大地ハム」を開発。

▼一九八二年――牛乳の品質を問い、大地を守る会オリジナルの低温殺菌牛乳「大地パスチャライズ牛乳」を実現。

▼一九九二年当時——五つの事業体を展開。

*大地牧場（食肉加工や無添加ハム）
*大地物産（学校給食への有機野菜供給や卸事業など）
*フルーツバスケット（ジャム、ジュースなどの食品加工）
*大地山武農場（平飼い養鶏、技術交流や研修施設）
*レストラン大地（有機農産物を使用したレストラン）

どの事業も、当時の社会で既存のものの問題点を洗い出し、追及しつつ、違うやり方での生産や流通に取り組んだ。それぞれ、小さくとも経済的に自立したモデルをつくって、社会に新たな価値観や仕組みが可能であることを提案してきた。

こうした事業のあり方が、現在の活動の源流となっている。

第6章

フェアトレードから、一歩前進する

真の「互恵社会」への道

▼断固たる「攘夷派」の代表だった頃

大地を守る会で扱う食材は、ほぼ国産である。コショウなど香辛料、コーヒー、オリーブオイル、バナナ、エビなど全体の三パーセントが輸入品だ。

初期の頃は、一〇〇パーセント国産であり、会員のなかには、輸入農産物を扱うことについて抵抗の声もあったし、私自身も、輸入農産物に対して抵抗感が強かった。大地を守る会は、日本の第一次産業を守ることを第一義としてきたからだ。

一九八六年に、当時日本各地でさまざまな市民運動を展開していた市民運動団体、NGO、生協、労働組合など一七〇団体の活動家が一つの巨大客船に乗って南の島々に旅する「ばななぼうと」という催しがあった。各団体が取り組むテーマは、農業、食料、福祉、エネルギー、女性、人権、教育、医療、平和など多岐にわたり、五〇〇人を超える参加者が一〇日間も一つの船に缶詰めになって毎日議論を重ねたのである。呼びかけの内容は、「南の島にバナナを探しに行こう！」というものであった。当然、日本の農業はどうあるべきか、外国から農産物を輸入することは正しいか否か、の激論が交わされることになった。

船上で議論が交わされ、大きく二派に分かれた。一派は、「海外の発展途上国で生産されているものを買うことによって、それらの国の民衆を支援すべきである」という。もう一派は、

「断固国産の品物を扱うことで日本の第一次産業を守ろう」という。

動乱の幕末期の動きになぞらえて、前者を「開国派」、後者を「攘夷派」と名づけ、激しい議論を展開した。

大地を守る会代表である私は、当時は「攘夷派」の筆頭だった。日本で採れないものは買わなくていい。「身土不二」の精神を貫き、輸入農産物に対抗しようと強硬に主張したのであった。日本にだって、数は少ないがバナナもなる。コーヒーはさすがにとれないが、日本茶がある。無農薬の紅茶も国産の茶から生産されるようになってきた。これ以上輸入農産物を受け入れるのはやめようと言った。

一九八〇年代というのは、輸入農産物が日本に押し寄せてきた時期だった。一九七〇年代にはグレープフルーツの輸入が自由化されており、フィリピンや台湾のバナナがどっと輸入された。かつて私の子どもの頃にはとても珍しく貴重な果物だったバナナが、日本の温州ミカンなどと肩を並べて、食卓の「ありふれた果物」になっていたのだ。

当時の日本は高度経済成長を遂げ、自動車や電化製品など工業製品の輸出は絶好調。貿易不均衡、貿易摩擦の問題で、特にアメリカからは農産物の輸入増加を厳しく迫られていた。

やがて一九九〇年代初頭に、牛肉とオレンジの輸入が解禁されるわけだが、その動きがひたひたと迫っていたのが一九八六年という年だった。

この状況に、私は、日本の第一次産業全体の危機を感じ、断固たる「攘夷派」として国産一〇〇パーセントの主張をした。そして、大地を守る会では、頑固なまでに輸入食材は扱わない時期が続いていたのだった。

私たちが「フェアトレード」を実践した理由

一九九〇年代に入り、私は、輸入農産物に関する考えを変えた。

時代の移り変わりは、この時期特に大きかった。流れのなかで、できることをしていくべきだと思った。自給率四〇パーセント前後という日本の現状を見ると、一気に一〇〇パーセントにするには道は遠すぎる。一切の輸入品を認めないというのは、現実からあまりにかけ離れてしまう。かたくなに輸入農産物を拒否するのではなく、輸入食材の中身、実態を見据え、私たちができることを始めようと結論づけた。

交易を通じて、相手国の事情を学び、共に助け合う関係を築いていきたいと思った。「開国派」の市民団体は、一九八〇年代からフェアトレードによる民衆交易を進めていた。公正な取引、民衆間の交易を通じて、発展途上国の自立を応援していく。このフェアトレードの精神に、共鳴した。大地を守る会でもフェアトレードを進めていこうということになった。

一九九〇年代のはじめに、まず、フィリピンのネグロス島のバナナをオルター・トレード・ジャパン(ATJ)からいただくことにした。一九八六年に、「ばななぼうと」で国産のバナナを探す旅をしたのだったが、国産のバナナは稀少なものであり、宅配のルートに乗るにはかなり厳しい事情があった。大地を守る会では、バナナを扱うことをあきらめていた時期だった。

オルター・トレード・ジャパンは、生協や産直団体、市民団体により設立された団体で、フィリピンのネグロス島の民衆の自立を応援する経済活動として、バランゴンバナナやマスコバド糖の交易を開始していた。

「フェアトレード」あるいは「オルタートレード」といわれる交易は、もともと一九六〇年代のヨーロッパで始められ、第二次世界大戦後の東ヨーロッパの経済復興のため手工業品の輸入を行ったことが始まりといわれている。

「フェア」は公正、「オルター」とは、既存のやり方とは異なった〈代替〉の道を模索するという意味合いで使われる言葉だ。「オルター」は動詞で、その形容詞が昨今よく使われている「オルタナティブ」という言葉である。

その後、アジア、アフリカ、中南米などの発展途上国から先進国が輸入するさい、従来の不均衡なやり方を是正した公正な取引をしようと広がっていった。

コーヒーやカカオ、バナナなどの貿易では、そのほとんどの生産者の権利が守られず、低賃金の労働、児童の重労働など劣悪な労働環境が横行し、貧困を生み出している。力の強い国が生産者から搾取する、かつての植民地、プランテーションの形態をそのまま引きずるかたちの不均衡な貿易があたりまえのように続けられている。

また、換金作物だけをつくる農場をどんどん広げていくため、森林が乱開発され、環境悪化の問題も指摘されていた。

輸出国と輸入国の関係を是正し、民衆レベルでの正当な交易関係を築き、さらには、生産国の民衆の技術習得、知識の向上を図って、自立をめざそうとするのがフェアトレードだ。そのため、それまでの不均衡な貿易よりも高い公正な値段をつける。そして、ものを売り買いするだけにとどまらない顔の見える関係性を築こうとすることも、フェアトレードの特徴である。また、継続的な関係を保つことも重要だ。継続する関係は、生産者が安心して農産物を生産する環境をつくりだしていく。途上国の人々から搾取しない、共生の関係を築こうとするものだ。大地を守る会では、バナナから始まり、コーヒー、香辛料、オリーブオイル、エビなどをフェアトレードでいただくようになっていった。

また、大地を守る会では、東ティモールからコーヒー、南アフリカからルイボスティーをいただくさい、いずれもその売り上げ代金の一部を、文房具やスポーツ用品などのかたちに換えて地元の小学校に寄付するという活動もするようになった。

こうした動きは、大地を守る会会員に強制するものではない。あくまでも、個人が応援したいと思う地域のものを選んでもらう。ものを買うだけでなく、生産の現場を訪ねる旅や地域を知る催しなども計画された。貧困やエイズ、紛争について学び、社会運動も広がっていった。そうした運動に関心を持ち、大地を守る会に入って熱心に活動する会員たちも増えた。

日本の食卓で、世界の第一産業に思いを馳せる。あるいはアジアなどの手工業でつくられる品を知る。それらをつくっている人たちの顔、暮らしのあり方を知る……。フェアトレードは、大地を守る会になくてはならないものになっていった。

パレスチナに「平和の道」をつくる

大地を守る会では、オリーブオイルをパレスチナからフェアトレードでいただいている。大地を守る会会員のなかには、小豆島の国産オリーブオイルを応援したいと思う人も多いのだが、大地を守る会以外でも多くの消費者が求めるようになり、会で十分な数を確保できない状態が続いていた。

そこで、私たちは、国産オリーブオイルを扱う可能性も残しつつ、輸入国を探した。オリーブオイルは世界各地で生産されているが、パレスチナで良質のオイルが生産されていることを知った。パレスチナは、いわずとしれた紛争地域である。私は、その紛争のただなかで農業を営む生産者たちの暮らしをぜひとも応援したいと思った。

そして、オリーブの生産者たちに会いに行った。パレスチナは、ユダヤ教・キリスト教・イスラム教の三つの聖地を擁して争奪戦が繰り広げられてきた地帯だ。どの宗教でも、「オリーブ」は重要な意味をもつ植物であり、オリーブオイルは「聖なる油」ともいわれる。紛争を繰り返しつつ、いまもつくり続けられているオリーブは、大きな意味がある。私は、この地のオリーブオイルをフェアトレードによっていただくことが、多くの会員の気持ちに訴える力があると感じた。

オリーブ農家を訪ね、オリーブ畑を歩いて回ると、斜面が続いていた。斜面の下のほうは、よく手入れされていたが、上に登っていくほど、畑は荒れている。道も狭く歩きにくい。案内をしてくれた地元のNGO団体の職員が、しきりに「あまり上のほうに行かずに引き返そう」と言う。

その畑で斜面の上を見上げると、頂上のあたりは、がらっと風景が違っていることに気づいた。大きな美しい家々が並んでいた。そこにはイスラエルの入植者が住んでいるのだという。イスラエルとパレスチナは政治的な緊張関係にある。

斜面の上のほうの畑も手入れをしたいのだが、瓦礫の道を登っていくと、頂上からライフル

左:オリーブオイルのフェアトレードから、生産者の環境に思いをいたす。
右:大地を守る会の会員カンパで完成したパレスチナの「平和の道」。

銃で撃ってくることがあるのだという。

生産者の一人はこう言った。

「畑は瓦礫が多く、その中にオリーブの樹が茂っています。道が狭いため、上のほうは機械も軽トラックも入っていけず、ロバを連れていくのがやっとなのです。この状態で作業をしていると、上から見ると農作業をしているようには見えないのでしょう。あの人たちにしてみれば、私たちが襲撃しに来るのではないかと怖れているのでしょう。きちっとした広い農道をつくり、農園であることがわかるよう視界をよくして農作業をすれば、ライフルで撃ってくるようなことはないと思うのですが」

私は、NGO団体の職員に、その道をつくるためにかかる費用をきいてみた。彼らは電卓を持ってきて計算した。

「一キロメートルで一〇〇万円はかかるだろう。だが、いまはその資金の調達は難しいし、借りるところもないんです」

私は、その道をつくるべきだし、その資金を、大地を守る会で集めたいと思った。そういうかたちでの支援こそ、大地を守る会にふさわしい。すなわち、良質のオリーブオイルを公正な価格で購入するだけでなく、そのオリーブオイルを生産している人々の環境に想いをいたし、よりよい環境づくりを皆で応援していくというかたちだ。

NGO団体の職員に、日本で資金カンパを呼びかけてもいいだろうかと尋ねると、それはうれしいことだという返事が返ってきた。

東京に帰った私は、大地を守る会の会報で一人一〇〇〇円のカンパを呼びかけた。反応は速かった。一五〇〇人ほどの会員がカンパに応じてくれた。集まった一五〇万円をもって、再びパレスチナを訪れ、「農道をつくる資金」として手渡した。

一年後、道ができたという便りがきた。大地を守る会の消費者会員とともに再訪すると、村中の人たちが集まり、にぎやかに歓迎してくれた。

「この道は、〈平和の道〉と名づけました。いまでは安心して作業ができます。オリーブオイルを喜んで買ってくれる人はたくさんいますが、農道をつくってくれた人たちは初めてです」

そう言ってくれた。フェアトレードの可能性を、深く感じたひとときだった。

東ティモールのコーヒー生産者を訪ねる

フェアトレードの活動はさまざまなアイディアを伴いつつ広がっている。農産物に限らず、手仕事による製品を扱うことも増えている。地域独自の手工業を残すことは、人々の民族の誇りを大切にすることにもつながる。

日本でも、多くのフェアトレードによる商品が売られるようになり、「単に安いものよりも、少し高くてもフェアトレードのものを選ぶ」という人は、着実に増えている。大地を守る会でも、定着していった。

しかし、フェアトレードを進めつつも、私の心のなかでは、どこかに釈然としない思いも根強く残っていた。

というのは、途上国の民衆の自立を応援するといっても、先進国の人々にとって、フェアトレードの品物が、どこか免罪符のようになってしまっている場合もあるのではないか、と思う気持ちがあったのだ。「私はフェアトレードのものを買っている」というだけで満足感を覚えることは、どこか居心地悪い。

だからこそ、前述したパレスチナでの道づくりのような支援のかたちに活路を見い出した思いがしたのだった。

もちろん、フェアトレードの考え方には大賛成なのである。フェアトレードで購入したものを介して、フィリピンや東ティモールや南アフリカのことを話題にするだけでも、日本の食卓と世界とがつながっていることを具体的に感じることができる。これだけでもすばらしいことだ。だが、継続的にものを買い、寄付やカンパをするなどの関係でよいのか、本当の自立の道とはどこにあるのか、釈然としない思いもあった。

そんな思いを抱えつつ、フェアトレードコーヒーの生産者を訪ねて東ティモールに出かけた。大地を守る会は、東ティモールコーヒーを株式会社オルター・トレード・ジャパンを輸入代行会社として仕入れているが、今回の訪問は同社の堀田正彦社長と一緒だった。

東ティモールは、インドネシアの東、オーストラリアの北に位置する小さな島国で、二〇〇二年に独立したばかりの共和国だ。一六世紀にポルトガルの植民地となって以来、凄惨としかいいようのない歴史をもつ。ごく簡単に独立までの経緯を振り返っておく。

一六世紀からのポルトガルの支配ののち、一九世紀にはオランダによって島は東西に分割された。第二次世界大戦時には、当初はオランダ軍とオーストラリア軍が保護占領し、その後日本軍が占領していた。日本の敗戦でポルトガル総督府が復活した。

一九七四年には、ポルトガルのいわゆる「カーネーション革命」に合わせて東ティモール独立運動が高まったが、インドネシアが侵攻した。一九七五年に東ティモール民主共和国の独立を宣言。直後にインドネシアが制圧、占領。その後、独立運動が続き、一九九九年に国際連合東ティモール・ミッションが派遣され、インドネシアとの激しい紛争ののち、二〇〇二年に独立宣言がなされた。独立後も、混乱や非常事態は続いている。

インドネシアからの二五年にわたる独立戦争によって、二〇万人もの住民が命を落としたと言われる。人口が一〇〇万人あまりだったから、五人に一人だ。こうした状況で、経済も壊滅的となり、農地も荒れた。衛生環境も悪い。統計によると、五歳未満の幼児の四〇パーセント以上が、慢性的な栄養失調であり、そのうち一〇人に一人か二人はありふれた感染症で死んでいく。

一六世紀のポルトガル植民地支配以来、産業はコーヒーの生産が中心である。その他、トウモロコシや米などもわずかに生産してはいるものの、主食の米の多くは、ベトナムから輸入している。独立後の政府は、隣国のオーストラリアなどの外国からの援助に依存しており、経済の自立はまだこれからという状態だ。

このような背景をもつ東ティモールに、堀田社長と私は数日滞在した。私たちが会った家族の多くに、一〇人以上の子どもがいた。愛くるしい笑顔で裸足で駆け回る子どもたちの純真な目にたじろぐような気持ちになった。そのうち誰か一人か二人は病気にかかっていたり、つい最近小さな子どもが死んだという話をあたりまえのように聞くのだった。

コーヒー豆を育てて売り、そのお金で米を買ってくる。米は道端で売られ、三五キロで一二ドル。この三五キロの米を、一二人の家族が一週間で食べ切ってしまう。卵が買えるときもあるが、それはわずかで、子どもの人数分はないのだという。

私は、何度か訪ねたインドネシアのバリ島の農村風景を思い浮かべていた。バリ島の農村も、物質が豊富にあるとはいえない。しかし、米をつくり、畑を耕し、鶏が駆け回ったり、水牛がくつろいでいる農村風景は、じつに豊かな暮らしぶりだった。自分たちの食べるものをほとんど自給する。新鮮な野菜を料理し、産みたての卵を子どもが自分で探して手に入れる。

そういう暮らしがあるうえで、伝統的な歌や踊りを子どもたちは大人から伝承されていた。田んぼの水に映る夕陽の美しさ、そのときに出会ったカエルの声に感動し、その感動を歌や踊りに活かしていく感性はすばらしいものだ。伝統は受け継がれつつ常に新しく創成される。先祖代々の土地に根ざし、生命の躍動する暮らしがあった。

そういった人の暮らしの奥深さが、東ティモールにはなかった。もとはあったに違いない暮らしが完全に壊されていたのだ。農村なのに、自分たちが食べる主食の米はつくらず、換金作物のコーヒーの豆をただ決められたとおりに黙々と育てて摘み取る。それを売り、米を買って食べる。鶏を飼う余裕もない。

大地を守る会が、コーヒーの売り上げの一部を文房具などのかたちで寄付しているといっても、それで子どもたちが育つ環境が大幅に変わるわけではないのである。

そのような環境にやるせないような気持ちが募っていた。コーヒー生産者との交流会の最後に、生産者のリーダーが私たちに言った。「フジタさん、ホッタさん、これからは、もう少し高く、もっとたくさんコーヒーを買ってくれないだろうか」

私は、考え込んでしまった。

そのとき、私が思ったのは、生産者たちの生活を固定化しているのは、コーヒーを買っている私たちではないのかということだった。

もし、生産者が望むままに、私たちが高い値段で、たくさん買うようになったら、生活は少しは改善するかもしれない。だが、それは、彼らが買う米の量と卵の数が若干増えるというだけではないのだろうか。また、裸足の子どもたちに靴を買ってやることができるようになるかもしれない。

それは、固定化された生活の「量的な問題」がほんの少し改善するという話だ。根本的な暮らし方を変えるものではない。コーヒーという換金作物だけに生活のすべてを託し、コーヒーを買う人への依存度が強まっていくばかりだろう。この先、何かの問題が起きて、コーヒーの生産ができなくなったり、買う側に問題が生じて買えなくなったとしたら、この生産者たちとその家族はどうなるのか……。

しばらく黙ってしまった私に代って、堀田社長が口を開いた。

「私たちは、コーヒーを買いにここへやってきました。でも、将来もずっとコーヒーを買い続けることが本当によいことなのかと、いまは迷っています。コーヒーを買う以外の何か違う

東ティモールのコーヒーを買いながら、別の道もさがす。

道も模索し、この国に生きる人たちの本当の自立を手伝うことができるのではないかと思い始めているのです。たとえば、この土地の豊富な水を活かして米をつくったり、あるいは養鶏場をつくって卵をとったり、加工場をつくったり、牛を飼ったりすることで、小さな、しかし多様な産業が起きて村が自立するようなかたちのほうがよいのではないだろうか。そして、一つの家庭の自給率を上げ、さらに国全体の自給率を上げていくことが、民族の誇りも取り戻すことにつながるのではないかとも思います。もちろん、いますぐコーヒーの生産をやめようということではなく、いま、コーヒーが売れている間に、五年ほどの時間をかけて、いくつかの小さな産業を起こして村や地域ごとに自立できるようなプログラムを、私たちも一緒になって考え、支援していくのはどうかと思っています」

この堀田社長の発言は、私の気持ちを代弁するものだった。二人は東ティモールの各地を訪問して歩くうち、「フェアトレード」という名前のもとに、このままコーヒーを買いつづけていいのかという疑問を話し合っていたからである。換金作物としてのコーヒーを買いつづけることは、彼らが現在おかれている状況を固定化してしまうのではないか、と。

この言葉を聞いて、発言した生産者はじめ、ほとんどの生産者はよくわからないという表情をした。不満の表情かもしれなかった。たしかに、コーヒーを買いに来た人間が、将来コーヒーの樹は伐れというのも変な話だろう。

だが、会場にいた現地の学生たちは、後で私に共感すると言ってくれた。東ティモールには、国際連合のミッションが派遣されており、そこで働く人々や国立大学の教育機会を受ける人々がいた。彼らとコーヒー生産者の生活の落差は激しく、そこに大きな問題も感じられるのだが、ともあれ彼らはよく勉強していた。コーヒーだけに頼った農村のあり方は、経済的にも精神的にも脆弱だと彼らは言った。

タイやフィリピンなどで、換金作物に頼った揚げ句、農村が崩壊した例をよく知っていた。たとえば、フィリピンでは、たくさんある田んぼをつぶし、サトウキビを植えた。特に、ネグロス島では、村中がサトウキビ畑になった。そうさせたのは、アメリカの勝手な事情だった。キューバ革命後、キューバを経済封鎖したアメリカは優先的にフィリピンから砂糖を買っていた。だが、情勢が一変し、アメリカは砂糖を買わなくなった。フィリピンの砂糖の価格は大暴落し、製糖工場もほとんどが閉鎖された。サトウキビ一本で生活をしていたネグロス島では、生活が成り立たなくなり、多くの子どもが餓死した。

このネグロスの悲劇は、自給をせずに換金作物に頼る国の将来の姿を見せるものだった。フェアトレードとはいえ、コーヒーだけに頼って「なるべく高く、たくさん買ってほしい」という生活を続けていくことで、遠い未来までの持続的な社会を保証できるとはいえない。交流会で語ったように、国として、自給率を高め、地域がそれぞれ多様な産業を起こして自立するようなかたちをつくり、そのプログラムを、大地を守る会などが支援していくようにできないかと思った。

大地を守る会の生産者会員には、山の中で牛を飼うノウハウをもっている人がいる。あるいは養鶏小屋の建築方法などの技術的支援もできるだろう。農作物から加工品をつくるシステムづくりの指導もできるだろう。東ティモールには、水が豊富にあるから、棚田のような田んぼを開墾する手伝いもできるだろう。

だが、具体的に養鶏場や牛舎や加工場をつくり、新たな産業構造をもって村が自立するところまで軌道に乗せるには、かなりの初期投資費用が必要だ。その費用を全額大地を守る会が支援することはできないし、人々の自立のためにしてはいけないことだ。費用を借りて少しずつ返しながらでも自分たちの力で成し遂げていくことが必要だ。しかし、その費用を貸してくれるところがない。

こうした問題について、フェアトレードを継続してきたオルター・トレード・ジャパンの堀田正彦氏や九州のグリーンコープ事業連合の行岡良治氏たちと、私たちに何かできることはないだろうかと話し合った。

フェアトレードの二〇年にわたる経験を糧に、そこから一歩進め、小さなプロジェクトを個別に支援するようなシステムがほしい。そのシステムを、アジア全域の民衆レベルでできないか、議論を重ねていった。

「オルタナティブ」と「互恵」

民衆レベルでのファイナンス支援のお手本として、バングラデシュのグラミン銀行があった。グラミン銀行のことは第1章でもふれたが、チッタゴン大学教授であったムハマド・ユヌス氏が一九八三年に創設したマイクロファイナンス(少額融資)機関である。

その「グラミン」という名は「村」という意味で、名前のとおり、主に農村部に住む貧困層を対象に、比較的低金利の無担保融資をしている。銀行だけでなく、インフラ、通信、エネルギーなどの分野において、貧困層の経済的・社会的基盤づくりに貢献する「グラミン・ファミリー」で事業を展開していた。二〇〇六年には、創設者ムハマド・ユヌス氏と、グラミン銀行は共にノーベル平和賞を受賞している。企業として、世界で初めてノーベル平和賞を受賞したことで知られる。社会的企業の先進的な例ともいえるだろう。

グラミン銀行の貸し付けは、返還率も高いといわれており、このシステムの成功にならって、世界四〇か国以上で多くのマイクロファイナンスが行われるようになり、現在では、世界銀行がグラミンタイプの金融計画を主導している。

また、民衆レベルでのファイナンス支援について、その構想の思想的バックボーンとなったのは、韓国の金芝河《キム・ジハ》氏のいう「互恵」という言葉だった。

金芝河氏は、韓国の詩人・思想家であり、かつて軍事政権にあった当時、民主化運動を指揮して活動した。投獄された後、紆余曲折を経て、韓国の農民運動に大きな影響を与える「生命運動」の思想を展開した。その思想を受けて、韓国の生協が発展し、ネグロス島とのフェアトレードの歴史も積み重ねられた。大地を守る会でも何度も交流をもっている。

金芝河氏と会い、民衆レベルでのファイナンス支援について話をした折りには、「アジア民衆オルタナティブ基金」という法人名が考えられていた。

「オルタナティブ」とは、直訳すれば「代替の」ということであり、「現状とは違うやり方」という意味合いで使われるようになった。先に述べたように、フェアトレードを推進してきたオルター・トレード・ジャパンの「オルター」も同じ意味である。

オルタナティブという言葉は、従来とは違う価値観をもったやり方を模索しようと、さまざまな分野で使われている。二〇世紀までに構築されてきた社会の仕組み、経済構造は、行き詰まりを見せている。特に、化石燃料を大量消費するあり方は、もはや地球の存続さえ危うくしている。多くの国や地域に根ざす人々の考え方を否定し、画一的な価値観によって支配しようとするあり方も、紛争が紛争を呼び限界がきている。

これからは、多様な価値観を認め合い、多くの生物が生きられる地球環境を保っていかなければ、人間社会も地球も持続不可能ではないか。この考え方に基づき、持続可能な社会を築くために、現状とは異なるオルタナティブなものを追求していこうとする、大きな動きが出てきている。エネルギーも、経済も、教育も、医療も、芸術も、従来の画一性から解き放たれた新たな道を構築すること、それがいま私たちが生きている二一世紀の大きな課題といえよう。

金融システムもまた従来のものとは異なるものをつくりたい。そうした思想に基づいて、「アジア民衆オルタナティブ基金」という名称が考えられていたわけである。

だが、金芝河氏は、「その名前では、何のための基金なのか、性格が明確にならない。オルタナティブの概念をもっと進め、〈互恵のための〉とつけてはどうか」といった。そして、「互恵」の思想について話をしてくれた。

「互恵のためのアジア民衆基金」設立

金芝河氏のいう「互恵」の思想を、簡単にまとめることは非常に難しい。日本語の「相身互い《あいみたがい》」という互いの境遇を思いやる関係とも似ているところがあるが、もっと踏み込んだ関係性がある。また、かつての日本にあった「結《ゆい》」は、人々の協力関係からなっているものだが、それは、各人のもつものの〈等価交換〉の範囲の関係であって、互恵とは違うのだといった。

まず、金芝河氏は、「作物は〈つくる〉ものではない」と言う。「つくる」という発想が、すでに生産者が作物を一人占めし、再分配して富を得ることにつながっていく。そうではなく、「植物は〈なる〉」、「動物は〈産まれる〉」であって、すべて天がくれるものを人間がいただく。人間同士は、互いに助け合い、慈しみあって、その天がくれる恵みを分け合って暮らしていく。

誤解のないように言うならば、互恵社会とは、今日の経済活動を完全に否定するものではない。経済の成長と発展は、人間が安心して暮らしていくために不可欠なものだとしている。また、経済活動の根幹を成す「貨幣と信用」も否定するものではない。

しかし、「貨幣と信用」が、一人歩きし、それを人間が後追いするように突っ走ってしまった現状を、問題視している。

人間は、「貨幣と信用」の言葉のみで語り、「人間の言葉」を見失ってしまった。その見失った言葉を取り戻し、「助け合い、慈しみ合い、やわらかく、しなやかな連帯関係に生きよう」というのが、互恵社会の姿だという。

そして、「互恵」には「交換」や「分配」が大切にされるが、そこでも、私たちが従来常識としてきた考え方に疑問が呈される。たとえば、「交換」のさい、多くの人は「等価交換」が当然のことだと思う。そして、「分配」のさいには、「平等な分配」に心を砕くだろう。しかし、「等価」や「平等」の言葉は、物質的な量を語るものとなっている。そのことを、金芝河氏は、「言葉が貧しくなっている」と表現する。

「交換」や「分配」のさいに大切なことは、関わる人間の「関係性」や、それぞれの状況をおもんばかることだ。どのように交換するのか、分配するのかは、一つひとつの関係性によって異なってくる。そこに「助け合う、慈しみ合う」心の働きがあることが、「互恵社会」につながっていく。

人が人に何かを与えるときも、与えられた人だけに喜びがあるとは考えない。与えた側も、その心に喜びが生じている。この喜びという心の働きは、物質的な量では測れないものだが、その心の働きをすくいとる。誰もが、恵みを分かち合い、喜びを享受する。それが「互恵」への道だという。

この互恵の思想にも裏打ちされて、二〇〇九年一〇月九日、一般社団法人「互恵のためのアジア民衆基金」が設立された。マイクロファイナンスを中心とする事業を行う法人であるが、アジア近隣諸国全体のネットワークを強めていくことを目的とするものだ。

設立総会は、韓国のドウレ生協連合会が開催を引き受け、日本、フィリピン、インドネシア、東ティモール、パキスタン、パレスチナの各国の団体がソウルに集った。

「互恵のためのアジア民衆基金」は、アジア近隣の地域で、民衆が自立をするために使われることを目的としており、資金は、フェアトレードからの自動的な調達が図られている。たとえば、二〇〇九年からフェアトレードでバナナやエビを買った場合、バナナであれば一キログラムについては一〇円、エビであれば一〇〇グラムについて五円という額が、自動的に「互恵のためのアジア民衆基金」に寄付されるというシステムだ。

こうして集まっていく民衆基金が、小さな事業、小さなプログラムへの資金を支援するために使われていく。あの東ティモールの養鶏場も、この民衆基金からのマイクロファイナンスで、準備が進められている。

総会では、この「互恵のためのアジア民衆基金」の初代会長に私が選出された。

以下、設立趣意書を掲載しておこう。

一般社団法人「互恵のためのアジア民衆基金」設立趣意書

人間の言葉の貧しさは、自然を破壊し、南を搾取・収奪し、人が住む地域を解体し、女たちを虐げてきた。特に、人間の言葉の貧しさがもたらした地球温暖化の進行と世界恐慌の可能性は今後、世界中の貧しくて弱い者たちに最大の犠牲を強いようとするであろう。

私たちはこの現実を直視しつつ、生命と寄り添い、生命とともに生きていく立場から、自然と人、南と北、人と人、女と男の共生が、今こそ求められていると確信する。私たちはまた、進行する地球温暖化から地球を救い、搾取・収奪されている南を救い、世界恐慌発生の可能性と、恐慌の発生にともなう戦争の可能性から世界の人々を救う主体は、南の民衆と北の市民の連帯にほかならないと確信する。何故なら、南の豊かで多様な有機性が、北の無機性のなかに胚胎されるべき有機性の根拠となり、その一方で、北の無機性が産み出した富が、南の豊かな有機性の中に隠されている残酷を取り除いていかない限り、人間が真に豊かになることはないはずだからである。

私たちはそうした立場から、二十数年前、フィリピン(ネグロス)の民衆を飢餓から救うためのマスコバド糖やバナナの民衆交易から出発し、その後の二〇年余の時間経過の中で、南の民衆と北の市民の間に、アジアにおける広範な民衆交易網を築いて来た。すなわち、

▼日本・韓国─フィリピン(ネグロス)
▼日本・韓国─パレスチナ
▼日本─インドネシア・東チモール・パキスタン

などである。

しかし、それは残念ながら、日本や韓国を中心とし、かつ、対角線的に形成された関係にとどまっている。すなわち、フィリピン(ネグロス)と、パレスチナ・インドネシア・東チモール・パキスタンなどの間に、相互関係も連帯も具体的には存在しない。私たちはしたがって、この対角線的な関係をネットワーク化し、南の民衆と北の市民の相互交流・連帯網に発展させることが求められていると考える。

また、私たちの民衆交易網は、南の物産の手工業的な生産と、これの北との手工業的な交易活動にとどまっている。私たちはしたがって、南の多様な可能性の芽を育み、私たちの民衆交易事業の総合的な成長・発展に資するための、民衆による互恵的な金融事業の構築が求められていると考える。

私たちは、この二点の必要を解決することを直接的な契機として、今般、一般社団法人「互恵のためのアジア民衆基金」を設立することとした。

振り返れば、アジアはアフリカ・ラテンアメリカと並んで、長らく欧米の金融的な支配と抑圧の下に置かれてきた。また、国際連帯も、長らく欧米の専売特許にとどまり、アジアはインターナショナルをその手にすることはなかった。

私たちはしかし、今、一般社団法人「互恵のためのアジア民衆基金」の設立をとおして、アジア的広がりにおいて、国際連帯をその手にしようとしている。私たちはまた、今、一般社団法人「互恵のためのアジア民衆基金」の設立をとおして、アジアの自立のための、金融という新しいツールをその手にしようとしている。

自立したアジアは、ヨーロッパの市民と、そしてアメリカの市民と連帯する。また、自立したアジアは、アフリカやラテンアメリカの民衆と、そして世界の民衆と連帯する。そして世界は、その有機性と無機性が相互に補い合うことをとおして、着実に、かつ、真に豊かになっていく。

その意味において、私たちの今回の一歩は、明らかに小さな一歩にすぎない。私たちはしかし、この小さな一歩が、分断された世界を友情で結び、人間を真に解放していく第一歩になるものと確信する。

関係各位のご理解とご協力を心からお願いする。

「互恵のためのアジア民衆基金」はすでに動き出している。二〇一〇年度、融資金が投資されたプロジェクトは以下のとおりである。

▼フィリピンのネグロス島のNGO（二〇〇万ペソ）
砂糖キビ生産者が販売の対価として入手する証券の現金化サービスのための資金の融資。

▼フィリピンのネグロス島のNGO（二万ドル）
従業員組織による生活用品の共同購入活動への資金の融資。

▼フィリピンのルソン島のNGO（七五万ペソ）
森林保全と多様な農業生産を図るための椎茸生産パイロット事業資金の融資。パイロット事業を通して農家の研修と椎茸栽培の普及をめざす。

▼ニュージーランドの協同組合（二万五〇〇〇ドル）
協同組合による淡水魚養殖事業への融資。地域資源の活用・収入機会の創出・畜産物の地場販売の実現をめざす。

▼ニュージーランドの生産者グループ（五〇〇〇ドル）
協同組合による地鶏生産・販売事業への融資。地域資源の活用・収入機会の創出・畜産物の地場販売の実現をめざす。

▼パレスチナのNGO（六万ドル）
オリーブ搾油施設・農産物加工施設の建設資金の融資。女性の雇用・収入確保・高品質の農産物加工をめざす。

古着でカラチの小学校を支援

大地を守る会は、フェアトレードという方法以外に会員から古着を集め、それをパキスタンのカラチに送って現金化し、そのお金でカラチ郊外のスラムにある学校の運営を支援している。年に数回、大地を守る会の会員に「タンスの中などに眠っている古着を出してください」とお願いするとたくさんの古着が集まってくる。なかには、古着というより新品に近いものも多くある。一度着たものは丁寧に洗濯してあるか、クリーニング屋さんに出したものばかりだ。

カラチは世界的な古着市場が立っている街である。世界中から古着が集まってきてここで売買され、また再び世界のフリーマーケットなどに散らばっていく。イギリスやタイ、日本などの古着商人などもカラチで古着を買い集め、それを自国に持ち帰って商売をしている。大地を守る会が集めた古着は、日本ファイバーリサイクル協会（JFSA）を通じてカラチに運ばれ、古着市場で販売され、そのお金で地元のスラムの小学校（アルカイール・アカデミー）を支援しているのである。

アルカイール・アカデミーはカラチ郊外の巨大なゴミ捨て場の一角にある。児童数は小中学校合わせて約二〇〇〇人。年間の運営費は約一八〇〇万円ほど。そのうち六〇〇〜七〇〇万円を日本からの古着のカンパで得たお金でまかなっている。

ゴミ捨て場は、自然発火と子どもたちがゴミの中から金属を拾い出して現金化するためにゴミを燃やすことで、昼間でもあちこちからモウモウと煙が立ち込めている。地面には生ゴミから滲み出た汚水が流れ、腐臭がツーンと鼻をつく。そういう場所に、数万人の人々が粗末な掘っ立て小屋を建てて住んでいるのである。

アルカイール・アカデミーの校長先生ムザヒルさんは、まずスラムに住む親たちに子どもたちを学校に来させるように説得するのが難しいと言う。子どもでも、ちょっと大きくなった子は有力な働き手だからである。ゴミの中からの金属拾い、路上での花売り、交差点で止まった車の一瞬の窓拭き、仕事は何でもある。学校なんかに通わせるより、少しでもお金を稼いでくれたほうがありがたいと考える親たちがほとんどだ。

ムザヒル校長は、まず学校に来る子どもにはサンダルをあげるという。汚水の滲み出るゴミ捨て場を子どもたちは裸足で歩いているが、小さな傷でも破傷風になる恐れもある。サンダルは貴重品なのだ。

さらに、学校に来れば給食が食べられる。三食のうち一食をタダで学校が子どもに食べさせてくれるのならと、子どもを学校に送りだしてくる親たちもいる。こうして子どもたちは、貧しく劣悪な環境のなかでも一所懸命勉強している。

大地を守る会の会員たちが送ってくれた古着は、現金に換えられて、子どもたちのサンダルや給食費、教科書、文房具などにあてられている。

ムザヒル校長は一人の女の子の話をしてくれた。その女の子は、アルカイール・アカデミーで一番勉強のできる子だった。彼女の希望は、将来お医者さんになって貧しい人たちの病気を治してあげたいということだった。誰よりも熱心に彼女は勉強している。

しかし、ムザヒル先生は、その子が絶対にお医者さんになれないことを知っていた。パキスタンでは、お医者さんになるためには大学まで進まなければならないが、その女の子はどんなことをしても大学には行けない。彼女の家は貧しく、中学まで行かせてもらえるかもわからないのだ。

あるときムザヒル先生は、女の子に「どうしてそんなに一所懸命勉強するの？　勉強してもお医者さんになれないかも知れないのに」と聞いた。すると女の子は、「私がずっと大きくなったときに、神様が何かの気まぐれで私をお医者さまにしてくれてもいいと思うかもしれないでしょ。そのとき、私がちゃんと勉強していなかったらお医者さまになれないでしょう？　だから私は一所懸命勉強するの」と答えたという。

私は胸が熱くなった。いまの日本に、このような話のできる子どもがいるだろうか。貧しさは決して子どもたちの心まで貧しくしているのではない。大人たちが、どのような社会を、どのような未来をつくるかにこそ責任があるのだ。

遠く離れた日本から送られた私たちの古着が、パキスタンの貧しい子どもたちの小さな夢の一つでも叶える、そんな役割を果たしてくれたらと思う。

第7章

あえて、グローバリズムから下りよう

農と食の文化を創出しよう

富と貧——グローバリズムの二つの潮流

農業はグローバリズムの時代だ、という人たちがいる。

いままで手間をかけて小さな土地を耕してきた日本の農業を、もっと効率化しようという。農地を平らにして広げ、省力化してコストを下げ、国際競争力をつけなければならないというのだ。

だが、私はまったく逆のことを考え、大地を守る会の生産者に伝えている。

「なにもかもグローバリズムの時代、がんばってその流れに乗るのはやめようじゃないか。グローバリズムから下りよう！」

競争から下りたら生き残れないのだぞ、という脅しに近い反論もあるだろう。まずは、世界でどんな競争がくり広げられているのか、知っておこう。

「グローバリズム」という耳に心地よい名のもと、世界の農産物は、いかに低価格で提供できるのかの競争に走らされている。しかし、世界の多くの農産物を低価格に定めているのは、二つの潮流だけだ。

一つは、アメリカ型の超大型の農業。広大な平らな土地を大型トラクターで耕し、セスナ機で種を播き、巨大なコンバインで収穫する。徹底した機械化・省力化で人手は最小限にとどめられる。小麦や大豆、トウモロコシなど、こうしたスタイルで工業製品のように効率よくつくられる農産物は、世界中で最も低価格で提供される。

もう一つの潮流は、アジアやアフリカなど発展途上国の、なかでも極めて貧しい地域の人たちがつくっている農産物だ。前章のフェアトレードのような公正な取引ではない。農業という職業的地位もあやふやなまま、社会保障もなく、過酷な労働を続けて病気になっても医療費もかけられない。日本の農家に比べて、交通費も教育費も人件費も三〇分の一程度。土地の値段も七〇分の一。そういう環境でつくられている農産物が、世界の市場では、アメリカ型農業の農産物と最低価格を競って提供されている。

こうした二つの潮流が世界の市場を席巻しているのが、農業のグローバリズムといわれるものの実態である。これらの潮流に乗って、日本農業も競争せよという。

日本でも一握りの農業者は、あるいはグローバリズムに乗ることも可能かもしれない。だが、ほとんどの農村、農家が悲鳴をあげるだろう。グローバリズムに乗った農業者も、果たして将来、持続可能な農業でありうるのかは疑問だ。まして日本の農業は中山間地農業が基本である。アメリカ型の超大型農業とは対極的な農のかたちをつくり、農の文化を育んできた。グローバリズムに走ることとは、結果として日本の農地を疲弊させ、日本農業全体を潰すことになってしまうと私は思う。

第一、グローバリズムというものの、世界中のすべての農業が、「超大型農業」と「最も貧しい地域の農業」の提供する低価格農産物の価格競争に乗っているわけではない。アメリカでも、有機農業を実践し、少し高い価格の農産物を提供し、それを喜ぶ消費者もいる。ヨーロッパでも、稀少な在来種を守り育てている農家もある。貧しい地域の民衆がなんとか自立し始めているところもある。

「いま来た列車に乗り遅れたらどこにも行けない」とでもいうように、グローバリズムに乗るだけが生き抜く道だというのがおかしいのだ。まず、行き先をよく確かめよう。そして、列車が行ってしまったのならば、自分の足でしっかり歩いていこうではないか。

▼日本の農業はどこをめざすか

具体的に、農産物の価格を見てみよう。たとえば、日本のごく一般的な農家がつくったキャベツを市場に出すには、一個一二〇円ほどに価格設定しないと採算がとれないのが普通だ。一方、中国産のキャベツは、一個四〇円ほどで入ってくる。日本の農業では、安いものを求める消費者に応えることができなくなってきているのである。

豆腐をつくるにも、国産の有機大豆を使えば、三〇キログラムで一万五〇〇〇円ほど。輸入大豆であれば、三〇キログラムで一五〇〇円ほどとなる。原材料費で一〇倍以上のひらきがでてくる。

価格ではまったく勝負にならない。次元が違うのだ。そんな状況を背景にして、熾烈な価格競争が行われている日本の加工業、外食産業の多くは、まさにグローバリズムのルツボに入ってしまっている。人件費と原材料を抑えようとするから、必然的に輸入農産物を使う。

産地偽装や農薬問題などの食品関係の事件のたびに、安全性を求める消費者が増えているといいながら、流れは長くは続かない。売り場でははっきりと見えない「安全性」よりも、具体的な価格で訴える「安さ」で、食材や食品を選ぶ人が大半なのである。

食費を安く抑えなければ、とても生活が成り立たないという理由が大半だと思われるが、広い視野で見ると、良質な食事を継続するほうが、医療費、サプリメント代などにかかる費用を抑えられて経済的といえるかもしれない。

そうはいっても、長い目で見る健康よりも、目の前の安さは魅力的に映るわけで、食品・食材の低価格化には、歯止めがかからない。目に見える「安さ」を第一の価値とする消費者は、知らぬ間に、グローバリズムの潮流に巻き込まれ、世界最低価格の農産物に依存するようになるのである。

では、言葉だけではない、正真正銘の「国産」を選ぶ人は、どういう理由からか。私たちの分析では、第一に安全性だ。「なんとなく国産のほうがよさそう」という感覚的な判断ではない。海外の「安い」農産物は、どうしても大量につくって大量に運ぶために、つくる段階でも除草剤や農薬を使うし、輸送段階の保管にあたっても薬品を使わざるをえず、安全性に問題があるということを学んだうえで判断している人が多い。

そして、実際に食べてみておいしい、新鮮という理由も多い。味が濃くて栄養価が高いと思われるという理由もあげられる。生産者との顔の見える関係を求める人もいる。どんな畑でどんな人がつくっているのか、わかる食べ物がほしいという。つまり、「価格」以外の別の価値を求めている人たちが、国産の農産物を買うのである。

自給率四〇パーセント、海外からの食料六〇パーセントという数字を、仮に単純にあてはめるならば、六〇パーセントの消費者は安さに第一の価値を置く。その六〇パーセントの消費者の要求に応える農業をすれば、日本の農業は疲弊して潰されてしまう。しかし、四〇パーセントの人々は国産のものを買い続けている。

大地を守る会ではこうした消費者に目を向けようじゃないかと提案し、具体的にそのような戦略に立って事業活動を展開している。

大地を守る会の生産者に限らず、日本の農業者は、「新鮮で、おいしくて、安心だから、値段が高くても買う」という消費者を相手にすべきだ。生産している人たちを尊重し、認めてくれる取引先、消費者と、きちんと顔の見える継続した関係をつくりあげていきたい。

競争から後込みして逃げるというのではなく、「あえてグローバリズムから下りる」という積極的な姿勢をもった戦略が、これからの日本農業を救う道だと考えている。

グローバリズムから下りて地域が生きる——イタリアのスローフード

生産者がおいしい農産物をつくり、その農産物の価値を認めて消費者が買う。私たち大地を守る会では、そのつながりをつくってきた。だが、一つ足りなかったのは、生産者に近い地域のなかで、その農産物を使う加工業者をしっかり育てるということだ。

そのことを強く感じたのは、北イタリアのスローフードの村を訪ねたときのことだ。

周知のとおり、スローフード運動は、ローマに、ハンバーガーのチェーン店マクドナルドができることに、北イタリアの農民たちが反対して起こした運動だ。食の画一化に危機感をもち、村の伝統的な農業を守っていこうと始められた。

伝統的な農業は、作物の在来種を守ることでもある。そして、在来種を守るということは、その土地に古くから伝わってきた伝統的な加工食品を守ることにつながっていく。

たとえば、ピエモンテ州には、古くから栽培され続けてきたブドウがある。そして、このブドウを使ってワインをつくり続けている小さなワイナリーがあり、代々受け継がれている加工技術をもった技術者がいて、発酵に必要なワイン蔵があっておいしいワインができあがる。このつながりがあって、ブドウの在来種は初めて守られている。

また、ピエモンテ州には、ピエモンテ牛という在来の牛も飼われている。この地独特の牛肉を使ったソーセージやハムなどの加工品をつくる伝統的な技術があって、貴重な在来種が守られていく。

さらに、ピエモンテ州の人々は、このように語る。

「このワインとこの牛肉やハムやソーセージと、地元の野菜とキノコ、そしてパスタを組み合わせて食べるのでなければ、食として完成しない」

つまり、伝統的食文化とつながらない限り、その土地の伝統的加工技術も伝統的在来種も守れないというのである。

レストランも、家の食卓も、地域の食材全体のつながりを大切にしている。生産の現場での在来種を守り育てること、伝統的な加工技術、そしてそれを食べる人。この三者が地域で密接につながることで、地域は息づき、地域の暮らしが豊かなものになっていく。さらに農業が守られて、人が生きるという好循環が生まれていく。

もともとイタリアのなかでも貧しい地域だった北イタリアだからこそ、地域が結束して伝統食材をつくり続けてきた。そして現在、世界中のグルマンたちが、「食の宝庫」と呼んで絶賛するピエモンテ州の食材は、一つひとつ切り離してしまっては、どれも決して守られてこなかったものなのだ。こうして守られてきたものが、世界最低価格の材料でつくりあげたファストフードのハンバーガーなどに追いやられてなるものか。

日本では、どこかファッション感覚で語られてしまうこともある「スローフード」は、まさにイタリア人の魂の叫びとして存在するものだ。世界中で地域を分断し、ばらばらにしてしまうグローバリズムから下りようという叫びなのだ。

日本にも、数々のすばらしい伝統食品が存在する。京都の漬物なら京都の野菜というように、それらもまた地域のなかで守り育てられてきたものだ。しかしいま、日本中の加工業者、外食産業が、地域での関係性を断たれ、ばらばらに存在するようになってしまっている。価格だけの勝負で「がんばって」しまっている。安い輸入農産物を買って、安い労働条件で「がんばって」しまう。

農業も、加工業も、そして消費者も、みんな「がんばって」いる。各地の「地域起こし」、「町起こし」なども、それぞれ「がんばって」はいる。だが、それはみんなばらばらなほうを向き、ばらばらの状態で「がんばって」いるのだ。

農業と加工業・外食産業・消費者、この関係性を地域で回復することが、これからの大きな課題だと思う。

有機農業の裾野を広げる

有機農業という言葉は、世間ですっかり認知された感がある。有機農業推進法も施行されている。だが、有機農産物がどれだけつくられ、食べられているのか。

じつは、全国の農産物に対する有機農産物の割合は、〇・一八パーセントという数字がある。まったく普及していないというのが実情なのである。

ただし、この数字は、政府が決めた有機農産物の基準に合致した農産物（三年間、農薬も化学肥料も一切使わない農産物）、ということではあるのだが、それにしても非常に少ない。欧米での有機農業の普及状況とはかなり差があると言われる。

私は、この数字を嘆くのではなく、この数字だからこそ、大地を守る会は成長の余地があると考えている。私たちは三五年前、農薬を使わずに有機農法でつくった野菜に出会って、大地を守る会を設立した。日本の農業や流通全体が、どこかおかしいと感じ、日本の第一次産業を持続可能な姿に変え、守りたいと思って有機農産物を扱い、八万九〇〇〇世帯の会員が買ってくれるようになった。大所帯になってはいるが、それでも圧倒的な少数派であることも事実なのだ。

有機農業が伸びていくためには、これから有機農業をしたいという人を支えていくシステムが必要だ。だが、日本では、まだそのシステムはほとんどないに等しい。

私は、まず、有機農業をしたいと思い、めざしている人たちが生産するものを、消費者が買うことが必要だと考えている。なかなか最初から完全有機・完全無農薬でできるものではない。徐々に農薬を減らし、有機農業の技術を高めていくことを支援するシステムがなければ、ほとんどの生産者は有機農業の道に入るのをためらってしまうだろう。

大地を守る会では、完全有機、完全無農薬の農産物以外に、有機・無農薬への「転換期中の農産物」も扱っている。

「え？　そうなの？　大地を守る会の農産物は、全部完全有機・完全無農薬だと思っていた。裏切られたような気がする」

という反応もある。

三五年の歴史のなかでは、完全有機、完全無農薬を実践している、いわば頂点に立つ農業者だけを生産者会員として認めるべきだという論争も起きた。四〇年以上前から、理解者も少ない頃から完全有機農業に取り組んできた人たちがいる。完全無農薬でない人を認めるのだったら、文字どおり血のにじむ努力してきた人たちが報われないという意見もあった。

生産者会員同士が批判し合ったり、消費者会員との激しいやりとりもあった。そうしたことが原因で退会してしまった会員もいた。それは、胸が痛くなるような経験だった。

私は、完全有機、完全無農薬という頂点にいる人を応援することはもちろんだが、その頂点をめざそうという気持ちになった人こそ、応援したいと思っているのだ。有機農業の裾野を広げていくこと自体が、私たちの役目だと思うからである。

議論を重ねて、大地を守る会独自の基準を消費者に向けてわかりやすく表現した「こだわりのものさし」をつくった。全体の方針は、堆肥を主体とした有機農業を基本に、除草剤と土壌消毒剤は禁止。農薬は、「目標ゼロ、なるべく減らす」である。

農薬については、国が認めた登録農薬の成分五三三のうち、大地を守る会では六八を禁止している(二〇一〇年七月三一日現在)。そのなかから、残留性のないものについて、天候や成育状況を見ながら生産者と相談し、必要な時期での使用を認めている。この方式をとると、政府が決めた基準では、「転換期中の農産物」ということになる。

消費者会員には、「転換期中の農産物」についての情報を必ず誌上で報告して販売している。もちろん、できる限り完全有機・完全無農薬にするために、天敵の活用、拮抗作物など、先進的な有機農業の技術をもった人たちを集めて、生産者会員が学び、検証していく機会をつくっている。

大地を守る会が「転換期中の農産物」も扱うのは、これから有機農業をしたいと願う農家を支えていきたいからである。その人たちを支えつつ、品質的に常に向上していく、その変化を肯定したい。

というのも、日本の有機農産物の基準は、「三年間、農薬も化学肥料も使わない場所で育ったもの」と、政府が決めてしまったからである。いままで慣行農業をしていて有機農業に転換しようとする生産者や、新規に有機農業を始めたいが借りた畑が前年まで農薬を使っていたという生産者について、彼らの三年間の農産物を、どのように支えていくのか、政府は道筋を示していない。これでは、有機農業に転換したいと思っても、実際に生活していけるかどうか不安になるのは当然である。

まず、有機農産物生産への過程、道筋をつくり、有機農産物に挑戦する生産者の「転換期中の農産物」も、情報を公開して販売することで、支えていきたいと強く思っている。

国や自治体でも、「有機農業推進法」を施行するにあたっては、転換期にある人たちこそ、支えていく施策を講じてほしいと願う。

▼「欠品の思想」を身につける

日本人は、昔から季節感をことのほか大切にして暮らしてきた。食べものの「初もの」、「走り」、「旬」などを尊んできた。

ところが、いつの間にか、スーパーマーケットに行けば一年中なんでもそろう状態があたりまえになった。一年中、トマトとキュウリとブロッコリーのサラダを食べなければ気がすまないという人も多いだろう。

そうなってしまった世の中で、有機農産物の宅配をする団体が、どこも抱えているのが「欠品」と「余剰」の問題である。この問題にきちんと対処していくことも、有機農産物が広がっていくには大切である。生産者、流通、消費者、この三者の理解と協力が欠かせない。大地を守る会での協力の仕方は以下のようなものである。

❶生産者の協力

なるべく欠品を起こさないよう、畝ごとに作付けする。リスクを分散し、なるべく毎週出荷できるための工夫をする。しかし、作付け時差を利用しても、自然の状態により収穫できない、収穫の遅れなどは起こる。

❷流通〈大地を守る会〉の協力

まず、欠品の思想を身につける。

自然に従って生きるのが人間だ。生産者に対して「欠品はしてもいい」と言っている。じつは欠品のために販売できなかった商品の売り上げは、年間二億円を超える。消費者から注文をいただいたのに、天候の具合などで収穫できず、やむをえず欠品にした額である。非常に大きな額だ。しかし、欠品について、ペナルティを課したり責めたりはしない。産地偽装などの問題が起きるよりも、欠品はありうることとして、消費者に理解を求める。欠品によって、自然の厳しさや不思議さ、偉大さを生産者・私たち・消費者が共に学ぶ機会としてとらえたい。

つぎに、セットものの商品開発をする。

季節の野菜・果物セット「ベジタ」を販売している。登録すると、決められたサイズの箱に、旬の野菜や果物が〈種類と数はおまかせ〉で入ってくる。季節ごとに、採れ過ぎるものと欠品になるものの畑の事情を吸収し、農家を応援しようという商品。キュウリが採れ過ぎれば二本入り、小松菜がないときはホウレンソウが入るなど、何が入ってくるか楽しみだというファンも多い人気商品になった。そのほか「豊作くん」、「みのりちゃん」、「とくたろうさん」というセットもある。「豊作くん」は、野菜が採れ過ぎたときに買ってもいいと登録しておくセット、「みのりちゃん」は、果物が採れ過ぎたときに買ってもいいと登録しておくセット、「とくたろうさん」は、在来種の野菜だけのセットである。登録性で季節の野菜や果物が一時的に集中したり、収穫時期が予測しづらい果物を食べごろに届けるなどのシステムで、需要調整には課題もあるが、供給過剰と欠品に対応しようとしている。

❸消費者の協力

「太陽や畑の都合に合わせて食べる」という考え方、食生活スタイルを身につける。欠品を通じて、自然の姿、畑の姿を理解する。また、畑でとれたものを会員同士分かち合うという考え方も身につけたい。このようなことに理解を深めてもらうよう、大地を守る会の会報などを通して、たえず呼びかけている。

キューバの底力に感動

世界で有機農業が盛んな国はどこか、と問われて「キューバ」と答える人は、あまりいないのではないだろうか。

じつは、私もキューバを実際に訪ねるまで、よく理解できていなかった。キューバの有機農業に詳しい方から話を聞いたり本を読んで、一度行ってみたいと思った。二〇〇九年一月に訪

旬の野菜や果物のおまかせセット「ベジタ」。

ね、その底力に感動した。

話は、一九五九年のキューバ革命にさかのぼる。アメリカが握っていた利権を、カストロとチェ・ゲバラが接収した。だが、アメリカはキューバを攻撃し、やがて経済封鎖を始める。キューバは、当時のソ連から、食糧や農薬や化学肥料など農業資材を輸入していた。だが、一九九一年にソ連は崩壊。農業に必要な農業資材が一切入ってこなくなってしまったのだ。それと同時に、アメリカはさらに経済封鎖を強めた。一気にカストロ政権をつぶそうという作戦だった。

ここで、カストロ議長は、「国家非常事態」を宣言する。一三〇〇万人の国民が餓死してしまうという危機感を強くもった。そして、アメリカにひれ伏すことなく、国民を飢えさせないための政策を実行した。それが、「有機農業の推進」だった。

他国にまったく頼らずに、自国にあるものを最大限に活かした農業への大転換である。学者たちを集め、有機物を堆肥にし、その堆肥が良質なものになるよう、ミミズの研究をする。世界中の六〇〇〇種といわれるミミズを研究し、キューバの土に最も合う生産性の高いアカミミズを見つけ、それを増やした。天敵利用や拮抗作物、混植や輪作による病虫害を防ぐ方法を研究して広めた。

そして、農民ではない人たちには、国家事業として家庭菜園を奨励した。首都のハバナには、「農業相談店」なるものを設置。日本の駅にあるキオスクのようなその建物には、農業大学を卒業したばかりの若者が常駐している。人々が行列し、どんな種を播いたらよいか、肥料の入れ方はどうするなどと質問し、アドバイスを受ける。

都市住民に対して、カストロ議長はつぎのような内容の演説をしたのだった。

「庭にも、屋上にも、ベランダにも、あらゆるところに野菜を育てよう。もしコンデンスミルクの空き缶があったなら、それに土を入れて野菜を育てよう」

このように、国の大きな施策として有機農業が推進され、成果はみごとに表われた。経済封鎖が強まり、かつての共産圏からもまったく農業資材が輸入できない鎖国のような状態でありながら、誰一人餓死しなかったのである。

そして、キューバは独自の道を歩み、現在、物質的には貧しくとも、治安のよい豊かな暮らしになっている。識字率も高く、非識字率は二パーセントという。首都での殺人事件は年二〜三件で、それも強盗などではなく、男女間の愛情のもつれからの事件がほとんどだときいた。

医療が発達し、ハバナ市内にあるラテンアメリカ医科大学には、世界中から医療を学びに留学生がやってくる。キューバはこの学生たちの学費と生活費のすべての面倒をみている。ただし、この学生たちは自国に帰ったとき、都市ではなく農村で医療活動をすることを約束させられる。世界各地の災害時には、医師と看護師の派遣が多くなされ、先進国に医師を輸出している。キューバで、医師は非常に尊敬されている職業である。

そして、私がなにより感動したのは、農業者の収入は、その医師の年収の二倍だということだった。このことだけでも、キューバではいかに農業が大事にされているかがわかる。

キューバの農業には、三種類の農場がある。❶家庭菜園、❷国営農場、❸人民菜園の三つだ。人民菜園は共同体であるが、一人でも成り立ち、多いところは七〇人が共同で作業する。先述した、医師の二倍の収入を得る農業者は、この人民菜園の人たちなのだという。彼らは、自由市場で農産物を売って自分の裁量でも稼ぐことができるのだ。

プロの農家の畑を見せてもらってまた驚いた。「混植」を奨励しているとは聞いたが、混植中の混植なのだ。一つの畝のなかに、チンゲンサイのような葉もの野菜あり、ニンジンあり、トマトあり、カボチャあり、ハーブあり、ヒマワリまで咲いている。これは混植というよりぐちゃぐちゃのデタラメではないかと思った。ところが、聞いてみると、丈の高いもの、中間、地面に這うもの、地中にできるもの、というように、作物の丈の高さや日当たり具合が考えられている。意外や戦略的な畑なのであった。

「それにしても、収穫するときなど、ずいぶん効率が悪いんじゃないですか」と質問してみた。その答えは、以下のようなものだった。

「たしかに収穫の効率は悪い。だが、こういう風に丈の高さを変え、相性のよいものを混植しておくと、確実に八〇パーセントのものが収穫できる。たとえば、虫というものは、好きな植物と嫌いな植物があるから、どれか一つ嫌いなものがあれば寄ってこない。虫によっては好きな色や嫌いな色があり、臭いによっても得手不得手がある。一種類の虫が大量発生して、作物が全滅するというようなことは起こらない。私たちは一〇〇パーセント収穫しようとは思っておらず、常に八〇パーセント保証されることをめざしている。もともと自然は多様なものが生《は》えている」

多様性のお手本のような畑だった。人種の面でも、多くの民族が一つの家族に自然にはいっているような多様性がある。キューバはまさに多様性の国であり、これからの世界がめざす一つのかたちを見たような気がした。

振り返って、日本はどうだろうか。有機農業推進法ができたとはいえ、国がこのように施策を講じることはない。有機農業なんかで国民が本当に食べられるわけがない、などと言う人もいる。

そもそも、有機農業どころか、「自分の国の農業で国民が食べていない」のが、いまの日本だ。海外の農産物に依存し、自国の耕作面積のうち一割以上が耕作放棄地や不作付け地となって何もつくられていないのだ。食糧危機がきたらどうなるのか、という以前に、国家の姿として、いびつでおかしいのではないだろうか。

なるべく多くの人に、キューバのことをよく知ってみませんかと言いたい。そして、「どうだ、やればできるじゃないか！」と、言いたいのである。

「宅配」のシステムを見直すとき

大地を守る会は、有機農産物の宅配をビジネスとして行ってきた。私は、将来を考えたときに、この「宅配」というシステムそのものを見直す時期にきているとも思っている。トラックで消費者の玄関まで一軒一軒配達する。ガソリンを使い、二酸化炭素を吐き出しつつ有機農産物を運ばなければならないという矛盾に、いつも突き当たるのだ。フードマイレージの観点から、海外から巨大な輸送船や飛行機で運んでくるさいの二酸化炭素にくらべれば、国産の農産物を扱うさいの二酸化炭素の排出量は極端に少ないと知りつつも、私のなかでは、いつも「なんとかしたい」ことなのである。

今後、化石燃料を使わない車の開発も進んでいくであろうが、宅配のシステムそのものや、あるいは生産地からのルートなどを見直すことも必要だと思っている。もちろん、まだ宅配を望む人は多く、世の中に必要とされているビジネスであり、しっかり継続していく。だが、このビジネスの生命力がある間に、農村と都市をつなぐルート、あるいは農村の地域内の関係性をしっかりつくり、いまと異なる道筋もつくっておきたいと考えている。

先述したイタリアのスローフードの村のように、「生産者」と「加工業者」と「消費者」が地域内で関係性をつくるような形態も、大地を守る会においてもっと模索していきたいことだ。それには、現在は、首都圏に集中している消費者会員を、各地域に増やし、それぞれの地域で地産地消型にしていくことも考えられる。

地域の拠点を増やし、インターネットでのウェブストアとの連携をとっていくことも考えられる。

あるいは、都市には実店舗をおき、買い物をしたりコミュニティとして活用する場にしていくのもいいだろう。

また、他企業との連携も一つの道である。すでに二〇〇七年の一一月に、百貨店の三越と提携し、「三越くらしの御用達便」サービスを開始した。圧倒的少数派である有機農産物を広げていくには、社会の理解が必要である。三越を「流通の本丸」ととらえ、産業界や社会にこちらからインパクトをもって「討って出た」のだ。

あらゆる可能性を追求しながら、農村と都市の連携を深め、融合し、地域ごとに特色を活かした活動ができていくようになればと思っている。そして、環境を大事にした農業が、将来も持続的につながっていく仕組みをつくり上げたい。

オルタナティブ・パワーで閉塞感を破ろう

前章で、「オルタナティブ」という言葉について述べた。繰り返すと、「オルタナティブ」とは、直訳すれば「代替の」ということであり、「現状とは違うやり方」という意味合いで使われるようになった。

多くの若者にも、このオルタナティブという言葉が支持され始めている。現代の若者たちは、昔のように激しい学生運動で社会にぶつかることはないが、静かに、しかし確実に、現状を変えたいと望み、静かな行動によって実行もしているのだ。その行動のあり方もまた「オルタナティブ」なものかもしれない。

たとえば一〇〇万人のキャンドルナイトのような催しなどを通じて、オルタナティブな世界の仕組みを考える。ツチオーネのようなカフェで、暮らしのあり方を考え、普段食べているものを変えてみる。そうやって、静かに、少しずつ、現状の枠組みを崩し、よりよい社会をつくろうとしているように思う。

ap bank（エーピーバンク）という、非営利団体が主催する野外音楽フェスティバルに集う若者たちも、もちろん魅力的なミュージシャンの音楽を楽しむために来るのでもあるが、主催者たちの訴える主張を敏感に感じ取っているようだ。

このap bankは、音楽プロデューサー小林武史氏、ミスターチルドレンの櫻井和寿氏、音楽家の坂本龍一氏の三人が設立した。三人が拠出した資金を、環境保護や自然エネルギー促進事業、省エネルギーなどさまざまな環境保全のためのプロジェクトを提案・検討している個人や団体へ低金利で融資するという非営利団体である。apは、「Alternative Power（オルタナティブ・パワー）」と「Artists' Power（アーティストパワー）」を意味している。坂本龍一氏は、アーティストによる自然エネルギー促進プロジェクト「Artists' Power」の発起人でもある。

音楽は、本来、人間の自由な精神の表現であり、美しい自然や人間同士の深い交わりをすくいとるものだ。そうした世界が壊され、関係性が分断されてきたことに、敏感な感受性は反応するのである。二〇世紀は、音楽や芸術までもが商業主義に取り込まれ、画一的になり、利益追求の道具と化してしまった。オルタナティブな社会のあり方を追求することは、音楽や芸術の本質そのものであるだろう。

ap bankは、若者の間では、豪華なメンバーが出演する音楽フェスティバル「ap bank fes」として認識されているが、その先の環境問題などに、ごく自然につながっている。ap bankは、融資するだけでなく、そうした活動をap bankの知名度によって社会に広めていく役割も担っている。

私は、こうしてごく気軽に多くの人たちが参加できる場を通して、少しずつ社会が変わっていくことに希望をもっている。場に参加することで、個人の小さな欲望から解放され、視野が大きくなることもあるだろう。まさにオルタナティブ・パワーが、閉塞感を破ってくれると思うのだ。

若者に限らず、社会を覆い尽すような閉塞感、厭世感は、皆が深く静かに「いまと違うやり方＝オルタナティブなもの」を求めていることの印だと思う。

いままで、画一的な社会、同じ価値観でピラミッド型の頂点を多くの人がめざしてきた。いや、めざすよう仕向けられてきたともいえよう。企業も、個人的な利益を上げる装置だと考えられ、そこで働くことに虚しさを感じる人が増えてしまった。

これからは、それぞれの土地や地域、それぞれの人、それぞれの分野の多様性を認め、そこにある資源を活用して、分け合って生きていく社会に向けて、ゆるやかに変化していかなければならない。

個人的な利益追求の呪縛から解放されることで、現状と違うかたちは、必ず創りだしていけると思っている。

第8章

お天道様は、いつも見ている

大地を守る会の三五年を立松和平と語り合う

……二〇一〇年二月八日、作家の立松和平さんが逝った。山を愛し、川を愛し、海を愛し、町や村を愛し、そしてなにより人を愛した作家であった。

……大地を守る会設立当時からの会員で、私たちのさまざまな社会活動に参画してくださった。農の現場に立って「土」を踏みしめ、手を入れ、肌の感覚で農の文化と食の文化を語り続けた作家であった。

……お亡くなりになる三か月余前（二〇〇九年一〇月二三日）、元気な立松さんと私の、最初にして最後の対談が実現した。もう三〇年余りの親しい友人同士の対談だから、「さあ、あらたまって何を

藤田和芳

話そうか」という感じで始まったが、立松さんの第一声「発足から三五年が経ちましたね」に、私は一瞬胸が詰まった。思いもかけなかった私の気持ちの揺らぎであった。

……作家・立松和平との長い付き合いの重さを、彼のひと言で瞬間に感じたからであろう。対談は予想した以上に熱のこもったものとなった。立松さんも私も、気心が知れているからこそ、なおさら本気になり、農の現実と、これから向かうべき姿を語り合った。

……二〇〇九年に立松さんがラオスで体験した感想は、豊かさの本質を衝くものであった。世界中を旅した作家ならではの真実がある。

……対談の終わりの一節で、彼は「ぼちぼち人生のおさめ方を考える年になった」と語っている。そして「大地を守る会」がますます意気軒昂であることを喜んでくださった。いま思うと、感慨深いひと言である。

立松和平

写真＝根岸聰一郎

この対談は、NPO法人・日医文化総研発行の文化情報誌『知遊』（二〇一〇年一月刊）で行われたものです。

社会的ミッションを果たす企業として

立松――「大地を守る会」発足から三五年が経ちましたね。

藤田――よくぞここまできたなと、感慨深いです。

立松――なぜ、三五年も続けてこられたのだと思いますか？

藤田――その理由はいくつか挙げられますね。「正しいことを提唱してきたからだよ」とか、「無農薬の安全な野菜を消費者に無事届けてきたからだよ」とか、周囲の方がいろいろなことを言ってくださいます。もちろんそれはあると思いますが、それ以上に大きかったのは、やはり「おいしいものをつくってきたから」ではないでしょうか。いや、手前味噌になってしまいますが（笑）。

立松――うちも「大地を守る会」の会員ですが、うん、たしかに味に関しては太鼓判を押せます！　みんな、まるでわが子のように農産物を育てるんです。子どもが風邪をひいたら薬を飲ませて放っておく、というのではなく、清潔な布団に寝かせ、額の汗をこまめに拭いて、栄養のあるものを食べさせる。そういう子育てと同じように、農薬や化学肥料に頼ることなく、手作業で害虫や雑草を除去していく。薬や機械ではなく人間の手でやることですから、できることの範囲はもちろん限られます。でも、そういった小さな努力の積み重ねが、野菜や果物の味に表れる。

立松――無農薬だというところに惹かれて買ってくれた人も、もし味が悪かったら、そのつぎはもう注文してくれない。安全な食べ物というだけでは長続きしない。うちのかみさんなんて、「大地を守る会」の信者といってもいいくらいの大ファンです(笑)。

藤田――ぼくが言うのもおこがましいけれど、有機農業に携わる人って、「いい人」が多いような気がします。野菜をつくるときも、「虫や微生物がおれの野菜にたかってきたら、たとえそれが無害だったとしても容赦しないぞ、何も喰わせずとことん排除してやるぞ」などと身構えることなく、同じ地球に住むさまざまな生き物と、もっと有機的につながっていこうとする人たちです。それは彼らの、他人を蹴落として自分だけが利益を独占するということを潔しとしない、素朴であたたかい心の表れだと思います。私たちが株式会社として「大地を守る会」を立ち上げ、社会的企業としてのミッションを遂行していこうとしている考え方と共通している。そう考えると、有機農業とは単に農薬を使わない農業というだけではなく、家族や地域社会、国、あるいは世界や地球をどうつくっていくかということにも関わるものなのだと思いますね。

立松――たとえば有機ダイコンでつくったサラダを食べると、もちろん「おっ、うまい!」と思うんだけれど、やはりスーパーマーケットで買うよりはちょっと値段が高い。でも

「ちょっと高い」分だけ、そのダイコンのおいしさばかりではなくて、目の前の世界が開かれていく感覚を同時に味わえる。自分が有機農業をやっているわけではないけれど、有機ダイコンを買って、そして「このダイコンは自然に負荷をかけずにつくられたんだな」と感じながらいただく。その瞬間、有機農家の人たちを少しでもサポートできたような気持ちになれるんです。ぼく以外にも、そういう意識をもっている消費者が多いんじゃないかな。有機野菜を食べ続けることが、ある意味で社会参加になるとぼくは思うんです。

藤田――消費者と生産者の相互サポートがあってこその有機農業です。アトピーのお子さんをかかえている親御さんとかね、特に食材の安全性を求める消費者の支えに「大地を守る会」がなれたらと思いますし、その方々のためにも頑張ろうと励まされるという意味では、「大地を守る会」の生産者たちが支えられているといえるんですね。

立松――じつはうちの子も、小さい頃はアトピーだったんです。自然環境がいいはずの農村地帯で暮らしていたんですが、それでもアトピーになって……やはり、つらく苦しいことでした。もっとも子どものうちに克服できたので、幸運でしたが、子どもの「食」を通じて、いろいろなことを学びました。そしていま、東京にいながらにして、「大地を守る会」の有機農産物を食べる毎日を送っている。「食」からものごとを学ぶ人生は、なお続いていますよ(笑)。

藤田――ぼくも同じです。教わることがたくさんありますよね。

グローバルスタンダードという名の落とし穴

立松――振り返ってみると、「大地を守る会」の活動は先駆的なものでしたね。「大地を守る会」の発足以前にも有機農家はあったと思うんですが、有機農産物の生産・流通システムを大きく社会的に展開していく、という活動を本格的にやったのは、「大地を守る会」が初めてではないでしょうか。現在、全国にどのくらい会員がいるんですか?

藤田――農家、つまり生産者の登録会員は二五〇〇人、消費者会員は八万九〇〇〇世帯です。

立松――八万九〇〇〇世帯！　一世帯三人として計算すると、二七万の人が「大地を守る会」の農産物を食べていることになりますね。

藤田――ありがたいことです。

立松――生産と消費のバランスをうまくとれるようになるには、三五年分の労力が必要だったということですね。ぼくがよく知っている知床の生産者たちによれば、知床の農業、漁業といった第一次産業を経済的にしっかりと成り立たせるのは至難のわざで、その問題に手いっぱいの現状では自然保護にまで頭が回らない、とのことでした。殊に漁業が逼迫した状態にあって、漁師の話だと、とにかく魚がものすごく安い値で取引されるんです。鮭、北海道では秋味《あきあじ》と呼びますが、たしか一キロあたりが三〇円くらいなんですよ。

藤田――悲しいほど安いな……。

立松――悲しいを通り越して、絶望的に安いでしょう？　漁師たちが嘆くわけですよ。

藤田――それはまぎれもなく絶望的な現実なんだけれど、そういうめちゃくちゃなことが起こりえてしまうのは、いわゆるグローバルスタンダードの価格競争に巻き込まれているからですよね。グローバリズムのなかに吸収されず、知床の鮭をただ純粋に「おれたちの自慢の秋味だ」と胸を張って愛せる地元の人の理解があれば、そもそも競争なんてしなくていいはずなんです。「大地を守る会」では消費者の要望に応え、原材料や製造法を明らかにして安全性を約束するというかたちで、グローバリズムにのっとらずに農産物を提供してきました。「大地を守る会」の場合はたまたまそういったやり方をとりましたが、もちろんそれとは別に、グローバリズムから外れて自立する道もあると思います。

立松――結局のところ、グローバルスタンダードの視点から価格を決めたほうが、楽なんでしょう。流通の仕方がおかしくなってきてしまったんですよ、世界的に。

藤田——消費者の顔が見えない流通、ということが言えますね。かつての漁師は、自分の獲った魚を食べた人たちの「おいしかったよ！」という声が耳に響いてくるくらいの距離感のなかで働いていた。

立松——昔は、生の魚が遠方に運ばれることもなかったわけだから。毛ガニなんて、漁師が獲ってきてすぐに近所に配ってくれるのがあたりまえだった。買う必要がなかったって話を聞きましたよ(笑)。

藤田——いいですねえ(笑)。まあそれはともかく、食べる人の顔が見える、声が聞こえるっていうのは、生産者側の責任感につながりますよね。

立松——責任を感じたくても、食べてもらう魚が減ってきているという問題があるらしい。ひと昔前に羅臼《らうす》のスケトウダラの刺し網漁を見せてもらったことがありますが、凄い光景でしたよ、水揚げした瞬間に船の中がブワァーッとスケトウダラだらけになって。「こんなにいっぱい獲れるのか！」って、もうびっくり。でも、三年ほど前かな、また見せてもらったら、今度は違う意味でびっくり。船頭がキャビンでスケトウダラを数えていたんです。数えられるくらい、獲れなくなっていた。

藤田——そうです。かまぼこ屋さんでも、材料不足を嘆いています。私たちは生産者と消費者の関係を育む運動を進めてきたわけですが、一方で安全な食材を使った加工業者の方との関係づくりに勤めています。原材料の不足は、深刻な問題です。

「レースのカーテン」と「ネズミのしっぽ」からの脱却

立松――原材料といえば、「大地を守る会」の農産物の原材料や製造法の明示を消費者から求められると聞きました。発足当時は、「これがほんとうに有機栽培されたものなのか証明してください」と言われたこともあったとか。

藤田――最初のうちは登録農家の人たちにも有機栽培の技術なんてなかったですから、とりあえず「無農薬、無農薬！」とひたすら念じながらやる、みたいな時代でしたね。いまだに笑い種になっていますが、ひょろひょろとやせ細ったニンジンには「なによ、このネズミのしっぽのようなニンジン！」、虫に完膚なきまでに喰われた小松菜には「なによ、このレースのカーテンのような小松菜！」……といった言葉が消費者から浴びせられたものです(笑)。

立松――的を射た比喩だなあ(笑)。

藤田――それでも、慣れない有機栽培に挑戦した農家の人たちが、一所懸命つくった大切な野菜です。「こんなのが売り物になるの？」という消費者のもっともな言い分に対して「農薬を使わないとこうなることがあるんです、今後もっと精進しておいしい野菜をつくっていきます」と説明し、なんとか買ってもらって。消費者が少しずつ受け容れてくれるようになっていったことで、農家の人たちはネズミのしっぽやレースのカーテンからの脱却をめざし、より喜んでもらえる野菜をつくろうという気になる。するとやがて、消費者から「食べやすくなったよ！」、「ますますおいしくなったよ！」と、嬉しい言葉をかけられるようになる。そんなふうに思いやり合うことで、有機農業運動は成長してきたのだと感じます。

立松――有機農業って、いまやあたりまえのものになりましたよね。若い人が農業を志す場合、ひと通りの農業体験を経て、最終的に有機農業に落ち着くというケースが目立つようですよ。

藤田――有機農業の世界には、人として生きていくうえで必要な深みや厚みがあると思うんです。大量生産してたんまりと収入を得る、なんてこととは無縁だけれど、自分の労働の成果を実感できて、しかも、その成果を喜んでくれる人々の声に耳を傾ける幸せまでもらえる。そういう幸せに、若い人たちが魅力を感じてくれているのかなと思いますね。

立松――人生、金もうけだけじゃない。自分がどんなことに魅力を感じるかを知ることもなく、金ばかり追っかけていては、寂しい。そういう意識は、意外に広まっているのかもしれませんね。

▼獣害は深刻な問題――シカの肉を食べる

藤田――これは農業全般にいえることですが、獣害問題が深刻化してきました。

立松――シカやサル、イノシシとかね。

藤田――「大地を守る会」の農家の人も、畑を襲ってくるシカ対策を自分たちでやりたいと言うので、皆で力を合わせて駆除しているんです。ただし「大地を守る会」の活動の一環として、単に毒殺してさようならというのではなく、「殺したシカを食べよう」ということになったんです。食べることで人々の暮らしの一助とし、結果的に生態系を守ることにつなげるというスタイルを示していこう、と。そういう意図で、シカ肉を売り始めたんですよ。

立松――知っています。「命をいただく」という思いからスタートした活動ですよね。

藤田――もちろん、「シカを殺してはいけない」という批判の声もいただきました。一つひとつ丁寧にお答えしていくつもりです。

立松——以前はぼくも「殺してはいけない」派でした。でも、考え方が徐々に変わってきたんです。先日、日光に行ったんですが、もう惨憺たる有様でした。山に入っても、芝刈り機で刈ったかのように草がない。樹木も哀れな状態で、シカに樹皮を喰われた樹齢一〇〇年のモミの木などが枯死してしまっている。

藤田——手をこまねいて見ているだけでは、シカが生息できなくなって、森林との共倒れを引き起こします。

立松——「自然に触れよう！」っていうノリで山にやってきた観光客が、カワイイからとシカやサルに少量の餌を与えて満足しながら帰っていく。これも、問題を助長しているんですよ。彼らの気持ちもわかるんですけれどね。

藤田——野生動物をひと時の愛玩物として扱うのは、危険なことですからね。

立松——二〇〇七年にNHKの「獣害列島ニッポン」という番組のレポーターとして、全国の獣害に遭っている土地を訪ねたことがあります。印象的だったのは、滋賀の大津。比叡山に野生のサルが生息しているから、観光開発のために餌付けをしてみたら、サルが激増してしまって困っているという状況でした。遠くから眺めているだけなら、たしかにサルは愛嬌があって親しみやすい動物です。でもじつは、あんなにおっかない動物はない。新築の家でも古い家にでも、ササッと侵入してくる。そこで、現地の自警団が結成され、花火で威嚇したり、あの手この手で立ち向かうんですが、すばしっこいサルは余裕しゃくしゃくなんです。逆に、あまり威嚇すると、サルがリベンジしにやってくる。民家の屋根にのぼって瓦を投げ捨てる、窓ガラスを割って室内に入り暴れ回る、置き土産に糞をして去っていく……唖然としましたよ、ほんとうに。

藤田——すさまじいなあ、それは……。なめてかかってはいけないってことですね。

立松——そう、自然のなかに先に住んでいたのは、人間ではなく、シカやサルのほうなんですから。

藤田——その獣害対策を高齢者が中心となってやらざるをえないというのも、これまた現在の農村が直面している問題です。こんなふうに、一つの問題によって別の問題が浮き彫りになるんですよね。

▼行政の積極的な対応が急務だ

立松——農村を回って取材していると、全国的な高齢化の実感が強まります。それと、後継者不足。七〇代が大半を占める現状を目の当たりにすると、いよいよ日本の農業は窮地に追い込まれてきたと思わずにいられません。さらに問題なのは、年をとって畑を耕せなくなっても、日本の農家の人には「土地所有」という意識が根強く残っているから、誰も自分の農地を手放さないということです。

藤田——農地は先祖から引き継いだ大事な財産、という気持ちがありますからね。しかし自分はもう働けない、子どもも跡を継いでくれない……という農家が増えてきた以上、行政側が管理者として介入すべきだとぼくは考えています。手放したくないという思いを尊重して所有権は据え置き、耕作権だけを誰かに譲る、というのも一つの打開策です。それでももしトラブルが生じたら、所有者と耕作者の間に立って調整役を担当する、といったかたちで行政側が仕切ればいいと思いますね。

立松——そういう管理体制をきちんと確立するべき時期がきていますよね。

藤田——二〇〇九年一月、有機農業が盛んなことで知られるキューバに行ってきたんです。いまぼくがいったようなことが、すでにキューバでは実践されていました。日本でいえば農業委員会のような団体が各地にあって、空いている土地を活性化させるという実績を積んでいる。ある農地の所有者が、そこを耕すことなく放っておいたまま月日が経ち、畑を探している人が委員会に「あの農地を自分たちに使わせてほしい」と申請した場合、委員会の人が所有者と話をつけにいくそうです。で、今後その農地をどうするつもりでいるのか、特に予定がないのなら申請者に使わせてもいいか、といったことをその場で確認します。所有者が受諾すれば、委員会の定めた金額で農地のレンタルが成立するんですよ。もし借りた人が怠けて農地が再び耕されなくなったら、新たな借り手が登場し、そこにまた委員会が介入して……といった具合に、所有者は変わらないけれど耕作権は意欲のある人にどんどん譲り渡されていく、というシステムになっています。

立松——いいですね、それ。土地はずっと自分のもので、なおかつその土地が枯れず耕され続ける。日本でも、土地を死なせないっていう意識があたりまえに共有されるようにならないといけない。

藤田——有機農業をやると、人や自然との関わりや自己実現という収入以外の部分で魅力を感じられるようになる。それは事実ですが、その場合でも最低限の生活費は必要です。専業農家で一所懸命働いても、学業優秀な子どもを進学させてやれないとか、切ない現実がある。そういう家族を国がなんとかサポートできないものか、と思います。やり方はいろいろあるはずです。消費者の理解と協力を得て農産物の値段を上げようにも、限度がある。ならば、農家の収入アップよりも支出ダウンのためにできることを国が考えるべきです。この地域、この条件で農家を営む人には、たとえば子どもが生まれたら教育費を免除しようとかね。キューバには、それがある。環境や家庭の事情によって教育費・医療費がタダになるようです。

立松――そうなれば、収入が乏しくても支出が抑えられるから、「ここで農業をやりながら生きていける」と希望が湧いてくるわけだ。

藤田――それと、日本の農業のほんとうの力は中山間地にある、とぼくは思っています。これだけ山の多い国なんですから、豊富な中山間地にこそ日本の食料自給率の上昇を招く力があるはずです。問題は、中山間地における農業と平地における農業が、同じ条件下で営まれるということ。標高が上のほうの土地では地理的条件がとりわけ不利なのに、労働がきついことに加えて収穫量も収入も少ないというのでは、上のほうからどんどん農家が退いていくのも当然です。だから、等高線にしたがって上のほうにいけばいくほど、農産物の入荷価格を上げてみるとか、策を講じるといい。これはすでにスイスなどで施行されていることですけれど、そろそろ日本も重い腰を上げてみなくちゃ。

立松――そうですね。不平等のままでは、出せる力も出せなくなってしまう。

藤田――地域の特性、農家の人たちの顔を見たうえでの多様な政策が、これからの日本の農業を守っていってくれるんだと思います。

立松――日本列島の北から南まで歩いてきたぼくから見れば、日本の農業の現状って、結局は減反政策がベースになっていると思うんです。四割の面積を減反された残りの農地をうまく活かすことができているかいないかで、はっきりと明暗がわかれてしまう。四割も減反しておきながら、充分な指導もないまま、残った農地を有効利用してくださいと丸投げされても、農家の側は頭をかかえますよ。

世界中で飢えている一〇億人のために

藤田――曲がり角に立たされているのは、日本の農業だけではない。世界の人口に食糧の生産体制が追いついていないことは明白です。アメリカの前大統領ブッシュがトウモロコシをバイオエタノールに転用して石油の代替燃料にしようという政策をぶち上げて以来、当のトウモロコシはもちろん、作付面積をトウモロコシに減らされた大豆や小麦の価格までが急騰しました。それは日本も含め、世界の食糧事情に影響を及ぼしましたね。ぼくがキューバに行く途中で立ち寄ったメキシコでは去年、食糧高騰に抗議するデモがあちらこちらで起こったと聞きましたし、アルゼンチンやギリシャでも暴動に近いデモがあったそうです。

立松――あまりそういうニュースが伝わってこなかったせいか、日本では世界的食糧危機に瀕しているという緊迫感が希薄な気がしますね。

藤田――WFP（世界食糧計画）が発表した、世界の飢餓線上にある人口は、二〇〇七年くらいまでは約八億五〇〇〇万人でした。それが〇九年、一〇億人に上がった。それだけ多くの人が、明日食べるものもないほど飢えているときに、日本では全体の一五パーセントくらいの農地が耕作放棄状態にあり、しかも安価という理由で外国から大量の農産物が輸入されている。どう考えたって、この事態はおかしい。

立松――たとえば、牛乳ね。国産と銘打たれたものでも、乳を出した牛の喰う餌は……。

藤田――九七パーセントくらいが輸入物です。

立松――でしょう？　それってどうなのかなあ。その点、「大地を守る会」の牛乳は安心してゴクゴクいけますよ（笑）。

藤田――「大地を守る会」では牛肉や豚肉も扱っていますが、その牛や豚に与える餌はほぼ一〇〇パーセント国産です。どうしても価格は高くなってしまいますが、そういうこだわりをまっすぐに支持し続けてくださる消費者の方々には、ほんとうに感謝しています。

立松――その一方で安ければ安いほど歓迎っていう消費者もいるわけですが、それは決して責められることじゃないんですよね。質の良さか価格の安さか、選択権を消費者が有する時代になった。ただし言うまでもなく、誰もがその選択を自由にできるわけではない。健康に生きるためには金がなければ、という人類永遠の問題が、近年は顕著になってきているように思います。

藤田――減反政策にしてもね、そうやって生産調整をしなければ米が増えすぎて価格が下がるからっていう理屈はわかります。でも、他にもっといろいろな政策があってしかるべきじゃないですか。年間八〇〇万トンもの米なんかいらないっていうけれど、小麦を輸入しパンをつくり、米以外の主食を日本の食卓に並べるようになったからそういう状況に陥ったのです。でも日本人本来の伝統的主食って、やはり米ですよ。近い将来の深刻な食糧危機に備えるには、米の大切さ、ひいてはその米をつくる土壌の大切さにも気づかないと。

立松――いますぐには米を食べなくても、生産基盤として米をつくれる土地を残しておくべきですよね。

藤田――日本人のためだけでなく、世界中の飢えている人々のためにも、日本の米の生産基盤は役立つはずです。発展途上国に橋や病院を建設したり無駄にでっかい冷蔵庫をあげたり、というODA(政府開発援助)の活動のすべてを否定する気はありませんが、ほんとうにそれが現地の人に寄り添った飢餓対策になっているかどうか。

立松――冷蔵庫に入れる食品どころか、いまこの瞬間に口に入れるものすらなくて苦しんでいる人たちですからね。

藤田――日本で使われていない農地をちゃんと甦らせて、米ができたらそれを政府がODAの予算で買い取り、ソマリアやエチオピアなど特に飢餓人口の多い国に贈る……といった支援をしたほうがきっと喜ばれますよ。せっかく政権交代が実現したことだし、そういうところにも風穴をあけてほしい。

立松――同感です。それがコンスタントに行われるようになったら、日本の眠れる農地も、宝の持ちぐされにならずにすみます。

藤田――世界中で飢えている一〇億人のうち、せめて一億、二億の人たちに自分のつくった米が届きますようにと願うことで、日本の米農家にも誇りが生まれますよ。減反による生産調整よりずっと、やってみる価値のあることだと思う。

立松――米農家の人たちは「国際貢献ができる」という意欲をもてるし、莫大な予算がかかることでもないですからね。むしろどうしてやってみないのか不思議です。

▼藤田が東ティモールで、立松がラオスで感じたこと

藤田――二〇〇九年、フェアトレード目的で東ティモールに行きました。コーヒーを買ったんです。そうしたらコーヒー農家の人たちに「藤田さん、もっと高く買ってもらえませんか」と言われました。ぼくはなんともいえない気持ちになって、ほんとうに考え込んでしまった。彼らからすれば、コーヒーは換金するためだけの作物であって、自分たちの喉を潤すことはない。現地の子どもたちは、一〇〇〇人に五五人くらいの割合で、五つにも満たない幼児期に感染症で死んでいく。その親である彼らも、裸足で山中を歩いて働きに出る貧しい人たちです。そのうえ主食の米を自分たちでつくることはできず、コーヒーを売った金で世界一安いとされるベトナム米を買って食べている。つまり彼らは、自給自足を知らない農民なんです。そんな彼らから、ぼくらは「フェア」トレードだといってコーヒーを買い続けるのかと……。

立松――うん、うん。よくわかります。

藤田――それでも、フェアトレードそのものが悪いことというわけではない。これからも買うつもりです。重要なのは、このフェアトレードの関係が保たれている間に、彼らが自立するための支援をすることです。ぼくは彼らに会って、「この人たちが裸足で歩く

山に、棚田ができたなら……」と思いました。日本から棚田づくりの知識と技術のある人を指南役として派遣したとしても、ODAの予算面ではさほど大きな痛手にはならないでしょう。さらに三〇〜七〇万円あれば、三〇〇羽規模の養鶏場を提供できます。弱りきった子どもたちに、一人当たり週一、二個の卵を食べさせられるようになる。そういう支援の仕方もある。

立松――農業支援に限った話ではない。学校に通えない子どもたちの支援も、その実態を知らない日本人からするとびっくりするような低予算でできてしまう。

藤田――タイとミャンマーの間にある山奥の稜線付近で暮らすラフー族という国籍をもたない少数民族がいるんですが、もし子どもたちがタイの学校に通うことになったとしたら、山があるせいで往復に八時間くらいかかってしまいます。それはさすがに無理な話でしょう。だから子どもを学校にやりたいラフー族の親たちは、通学できる距離、すなわち山を下りたところに寄宿舎を建てなければならない。その周辺で畑を耕して野菜づくりをすればいいってことなんだけれど、ここでまたまた浮上するのが、金の問題。そう、寄宿舎を建てる費用も運営していく費用もないんです。それじゃあどのくらいの額が必要なのかというと、現地のNGOスタッフの年間の給料くらいあれば可能らしい。だいたい二、三〇万円です。支援できないはずはない。その金で学校に通えるようになった三〇～五〇人の子どもたちがどんなに喜んでくれるかと思ったら、出せるはずの額ですよね。

立松――ぼくは二〇〇九年九月にラオスに行ってきました。ラオスにも学校に通えない子どもたちがいて、国外の支援者の力を借りているというのが実状です。日本円にすると一万円で子どもが一人小学校に行けることになり、さらに援助が三年続いたら卒業できるという話でした。その支援活動に加わることになり、ラオスの貧しい村を訪ねたら、それはそれは大歓迎してくれました。村人たちの笑顔を見たら、なんだかジーンときちゃいましたね。たしかに経済のグローバルスタンダードから判断すると貧困層といえるのかもしれませんが、彼らに会ったときのぼくの正直な感想は、「この人たちのどこが貧しいんだ？」でした。とても心豊かに暮らしているように見えたんです。村の真ん中にはお寺があって、村人たちは毎朝お坊さんのところにお布施を持っていって説法に耳を澄ませ、仲睦まじい家族は互いに尊重し合っている。生活は楽ではない人たちだけれど、よそ者のぼくのために一所懸命ごちそうしてくれる。すすめられた米がまた、すごくおいしくてね。かつて日本人が蔑視した、あのタイ米です。ほんとうにうまかった。なんというか、心の貧しいぼくらがどうして心の豊かなこの人たちを援助する立場にあるんだろう、という妙な気分になりましたよ。高いところから低いところへと物を落とすのはたやすいけれど、低いところにいるぼくらが高いところにいる彼らを見上げながら必死に物を贈っているような……そんな感覚にとらわれました。

藤田——物質的には恵まれていないかもしれないけれど、信頼できる家族や友人がいる、高齢者にも居場所がある、みんなで通えるお寺があって、信仰心で結ばれている。きっと、そういう人たちなんでしょうね。精神の安らぎのなかに幸せがあると、村人の誰もが知っているんですよ。

立松さんのやわらかい目線と畏怖の心

立松——われわれもこれからは、ぼちぼち人生のおさめ方というものを考えていこうかなって年齢《とし》に近づいてきましたねえ(笑)。

藤田——そうですねえ(笑)。

立松——何年後、何十年後かわからないけれど、「大地を守る会」も後進に譲る日がやってくるわけですね。でも、藤田さんのアイディアマンとしての才能は余人をもって替えがたいものがあるから、その日がくるのはまだ想像つかない。夏至の夜に二時間だけ電気を消してみようっていう「一〇〇万人のキャンドルナイト」にしても、肩ひじ張らずに環境問題を見つめ直すにはすごく効果的なイベントだし、それと交流先の農業支援のための「ダフダフ基金」、あれも名案です。

藤田――「ダフダフ基金」は「大地を守る会」が単独でやっているものですが、もう少し資金を集めてアジアの市民団体を支援するために、生活協同組合などと一緒に「互恵のためのアジア民衆基金」というのを設立することになったんです。アジアの発展途上国には銀行が金を貸さず、貸したとしても大変な高金利になるから、自立をめざすアジアの農民団体やNPO、NGOなどに向けた基金をつくろう、ということで。そのための資金を「大地を守る会」ではどうやってつくったかというと、バナナ一キロにつきプラス一〇円、エビ一〇〇グラムにつきプラス五円、という感じで値段を少しだけ上げて、消費者の賛同を得て買っていただくんです。で、「大地を守る会」の売り上げと生協の資金とを合わせると、年間三五〇〇万円くらい集まります。韓国で国際会議が開かれ、いよいよこの基金が正式なスタートラインに立ちました。韓国の生協も参加してくれることが決まったので、かなりまとまった資金をつくれると期待しています。

立松――いよいよ意気軒昂ですね。

藤田――立松さんこそ、もうずいぶん長いこと、日本では数少ない「第一次産業応援作家」であり続けているじゃないですか。かつては農業とか漁業を応援する作家や芸能人って、あまり評価されていませんでしたよね。テレビなどのメディアを通じてその手の発言をする人もそれほど見かけなかったし、注目度が低かった。

立松――言われてみると、ぼくらの若い頃の日本はそういう感じだったかもしれない。

藤田――テレビドラマのなかで、農業を見下すようなセリフが出てきたりしてね。「せっかくいい大学を出たのに、なぜ農業なんかを仕事にするの?」というような。都会で暮らす脚本家が書いたドラマの、都会で暮らす登場人物のセリフですよ。まさに高いところに自らの身をおいて、低いところを見下ろしていたわけです。こんなふうに振り返ってみると、立松さんのラオスでの体験談がとてもまばゆいものに感じられる。自分たちよりも貧しいはずの彼らのほうが幸福そうじゃないか、彼らのほうが豊かな心をもって、見上げてしまいたくなるような高いところで生きているじゃないか……そういうやわらかい目線で語れる立松さんのような作家は、当時はほとんどいませんでしたよ。

立松――ぼくらがあっさりと捨ててきてしまったもの、人間や自然に対する信仰心を、あの村人たちのなかに感じたんです。その信仰も決して狂信的なものではないんですよ。ごくナチュラルに、宗教が日々の暮らしに溶け込んでいるのです。

藤田――日本でもね、いまの中高年くらいまでは、「悪いことをする子のことは、お天道さんがじっと見ているよ」と言われて育った世代だと思うんです。それでも、ついイタズラをして真っ暗な物置に閉じ込められちゃったりしてね。とにかく怖いんですよ、物置の暗闇って。だけどいま思えば、視界が漆黒だから怖かったのではなく、たぶん暗闇の奥に感じられる、存在を超越した何かにおびえていたんでしょうね。誰もいないところで悪さをしても、お天道さんだけには見られている、その思いは宗教と呼ばれるものではないかもしれないけれど、一つの規範として心のなかにあったんですよ。

立松――恐怖ではなく、畏怖の心だったんですね。

藤田――ぼくらにも言えることだけれど、大人になるとね、たとえば政治家が違法なことをしてもバレなければセーフ、ということがある。陰で人を騙したり傷つけたり、法に触れない範囲内で善人ぶることを、いつしか覚えてしまうんです。子どもの頃の、「お天道さんが見ている」という感覚さえ失わなければ、そういうことはできないはずなのに。

立松――お天道さんって、公《おおやけ》のことだったんですよ。公といっても国家とかそんなものじゃない、天地のことです。

藤田――そう、人間の叡智を飛び超えた、とてつもなく大きなもの。子ども心にもそれを感じとっていたのに、大人になったら忘れてしまう。お天道さんへの敬意を保つことが、そんなに難しいことだとは思いたくないですけれどね。

立松――うーん、今日は中味のギュッと詰まった話ができたような気がする。藤田さんのエネルギーを存分に浴びることができて、とても刺激的な時間になりました。ありがとうございます。

藤田――お言葉、そっくりそのままお返ししましょう(笑)。どうもありがとうございました!

大地を守る会の沿革……1975▼2010

▼1975.08——「大地を守る市民の会」設立。
▼1976.03——会の名称を「大地を守る会」に変更。会長に藤本敏夫就任。
▼1977.11——市民団体(NGO)「大地を守る会」の流通部門として「株式会社大地」設立。
▼1978.02——「地球は泣いている　東京集会」開催。以後毎年「大地を守る東京集会」開催。
.05——食肉加工場設営・畜産物の取り扱いを開始。
▼1979.06——新宿区立落合第一小学校の給食に有機農産物を導入。
.10——無添加「大地ハム」開発。
▼1980.05——卸部門として「株式会社大地物産」を設立。食肉部門として「株式会社大地牧場」を設立。
▼1982.03——鮮魚水産物の取り扱いを開始。
.09——低温殺菌牛乳「大地パスチャライズ牛乳」を実現。
▼1983.02——「大地を守る会」会長に藤田和芳就任。
.12——本社を調布市深大寺北町に移す。
▼1985.10——武蔵野地区を中心に「自然宅配(現大地を守る会宅配)」を開始。
▼1987.02——静岡県函南町に「株式会社フルーツバスケット」設立。
▼1991.06——「大地を守る会」に「運動局」を設置。
▼1992.01——千葉県市川市に「市川物流センター」を設置。
▼1994.01——「環境食料分析室」を設置。
▼1998.12——「自然宅配」を「大地宅配」に変更。
▼1999.04——「大地を守る会有機農産物等生産基準」を決定。
▼2000.11——「大地を守る会」設立二五周年記念イベント「大地の大感謝祭」開催。

▼2003.06――夏至の日の「一〇〇万人のキャンドルナイト」の事務局を務める（以後毎年、夏至と冬至の日を中心に開催。事務局を務める。）
▼2004.07――直営日本料理店「山藤」を港区西麻布に開店。
▼2005.04――身近な食と農でCO_2削減をめざす「フードマイレージ・キャンペーン」を提唱。
.08――本社を幕張テクノガーデン（千葉市美浜区中瀬）に移す。
.10――千葉県習志野市に習志野物流センターを設置。
.11――「大地を守る会」三〇周年記念レセプション開催。
▼2006.01――岩手県山形村短角牛全頭で飼料の一〇〇パーセント国産化を実現。
.03――GMO（遺伝子組み換え作物）フリーゾーン第1回全国交流会に参加。
.06――自給、環境保全、有機農業推進のネットワーク「食を変えたい！　全国運動」発足に参加。
.07――DAFDAF基金設立。顔の見える交流先の国際支援を提唱。
▼2007.06――「大地を守る会」会員の寄付によって、パレスチナに一・三キロメートルの農道「平和の道」を完成。
.07――生協や消費者団体とともに、「六ヶ所村再処理工場に反対し、放射能汚染を阻止する全国ネットワーク」結成。
.10――株式会社三越との業務提携による「三越くらしの御用達便」開始。
.11――直営の日本料理店「山藤」2号店を広尾に開店。
.12――「フードマイレージ・キャンペーン」が、環境省主催「平成一九年度地球温暖化防止活動環境大臣表彰」受賞。
▼2008.06――「株式会社大地」を「株式会社大地を守る会」に社名変更。（NGO団体「大地を守る会」と名称統一。）
▼2009.04――直営カフェ「ツチオーネ」自由が丘店を開店。
.10――ATJや生協など他団体とともに「互恵のためのアジア民衆基金」を設立。
.10――生物多様性を食べて守るキャンペーン「たべまも」を開始
.11――「大地を守る会のウェブストア」の運用を開始
▼2010.03――東京駅エキナカ「エキュート東京」内に「大地を守るDeli」を出店。
.09――銀座三越にデリカショップ「DAICHI」と青果ショップ「大地を守る会」を出店。

あとがき

一九七五年、私は数人の仲間たちと「大地を守る会」を設立した。農薬や化学肥料を使わない農業を日本で広めようという純粋な気持ちからのスタートだった。

いまでも大地を守る会の理事を務めている加藤保明君(現・フルーツバスケット社長)は設立時のメンバーである。現在、産地担当の責任者をしている長谷川満君と、後に大地を守る会の会長になる藤本敏夫さん(二〇〇二年死去)は少し遅れて参加した。私たちは、出身大学や所属した党派は違うものの、ほぼ同じ時代に学生運動を経験した者たちだった。日米安保条約反対、ベトナム戦争反対を掲げて毎日のようにデモに出かけていた。藤本さんは元全学連委員長で名を知られ、歌手の加藤登紀子さんと獄中結婚してマスコミの注目を浴び、三年六か月の刑期を終えて出所したばかりだった。大地を守る会の設立に参画した若者たちは、そうした学生運動の雰囲気を色濃くもっていたのである。

その後、私たちはことあるたびに問われることになる。なぜ、学生運動からいきなり有機農業運動なのか、と。

正直言って、私は、大学を出て出版社勤めをしていても、学生運動時代の自分を総括できないでいた。

なぜ学生運動を闘ったのか、自分は本当は何をしたかったのか。日本という国の未来を考え、世界から悲惨な戦争がなくなることを訴え、大学に真の学生自治が甦ることを望んだ。だが、時代のムードに流されたり一時の感情で行動を起こさなかったかと問われれば、そんなことはないと言い切るだけの自信がない。それでも私たちは巨大な国家権力に立ち向かい、惨めに蹴散らされた。多くの仲間たちが傷つき血を流して散り散りになっていった。一部の学生たちは仲間割れを起こし、お互いを批判し合い、最後には連合赤軍事件のように殺し合いまでやってしまったのである。

なぜ、あんなことが起こってしまったのか。私たちは正しかったのか、それともどこかで間違ってしまったのか。闘争を途中で止めてしまった自分は、意気地のない日和見主義者ではなかったのか。多くの学生たちの人生を狂わせ、傷つけたことに自分は責任がないのか。自問自答する日々が続いた。そんなときに私は水戸市に住む一人の医者に出会ったのである。その医者は、周辺の農家を回っては農薬を使わない農業をすべきだと説いていた。こんな農業をしていては日本中の田んぼや畑が駄目になる。農薬だらけの野菜を食べ続けたら、日本中に農薬患者がでてくるだろう、と。

身体の奥深いところで、私は忘れかけていたDNAが甦るのを感じた。考えてみたら、私は農村の出身だったのだ。苦しむくらいなら原点に帰ればいいのだ。学生時代は頭でモノを考え、天下国家を論じて社会の上のほうから「革命」を起こそうとしていた。しかし、「革命」がそう簡単にできるはずもなく、学生たちは権力に敗れ挫折して闘争から離れてしまった。

観念的な運動ではなく、もっと地に足のついた運動こそが私にはふさわしいのではないか。上からの社会変革の運動ではなく、下からの社会変革。もし社会に矛盾があるとすれば、第一次産業と呼ばれるように農業などの最も根幹の産業に矛盾が集中しているに違いない。また、今日の社会に問題があるとすれば、社会を構成しているのは一人ひとりの人間だ。人間の生命活動の根幹である「食べる」ということのなかに問題の芽が集中して生じているに違いない。もう一度勇気をふるって社会を変える行動を起こしてみよう。とするなら、私は「農業」と「食べる」というところに足場を置くことから始めようと思ったのである。

二〇〇五年の秋、上智大学で私が学生運動を率いていた当時に学長だったヨゼフ・ピタウ神父と再開する機会に恵まれた。イタリア人であるピタウ神父は、イエズス会の神父であるとともに、ハーバード大学で政治学を修めた新進気鋭の政治学者だった。当時は三〇代で、熱気に溢れ、私たちとの議論にも真正面から応じてくれていた。上智大学学長を退任された後、バチカンに行かれ、大司教となられたのだという。定年を迎え、「神に呼ばれるまで、日本で司教活動をする」という志で、また日本に戻ってこられたのである。

帰国と喜寿をお祝いする会をもち、私は神父と話をした。そのとき、ピタウ神父は、つぎのようなことを語ってくれた。

上智大学がバリケードで封鎖された日、一晩中どうしたらよいのか考えた。いまの状態では、学生運動に加わっていない学生たちもまったく授業が受けられなくなっている。大学は学問の府であり、なるべく早くいまの状態をおさめなければならない。バリケードを解除しなければならないと決心した。

つぎの日、当時の警視庁で警備課長であった佐々淳行氏に会い、大学のバリケードを解除してほしいと頼んだ。佐々氏は、機動隊を大学に入れてよいのか、学内で説得できないかと何度も何度も聞いたという。神父は、いまの状態では、私の声は学生たちの耳には届かない。限界がきている。学問の自由のために機動隊を入れてほしいと言った。そして、一つだけお願いをした。

「バリケードの中にいるのは、私の大事な教え子たちです。絶対にケガをさせないでください」

「そんなことはできない。学生たちは石や角材、火炎瓶で武装している」と一度は断った佐々淳行氏だが、最後にはその願いを受けて、機動隊のメンバーを、血気にはやる若い隊員ではなく、三五歳以上の年輩者で構成したという。家族や子どものいる機動隊員なら少しは手加減してくれるだろうと考えたというのだ。それでも、学生の抵抗の激しさもあり、結果として、強制排除によって負傷者が出てしまった。

バリケードが解除された後、ピタウ神父はローマ法皇に手紙を書いた。

「主からお預かりした私の教え子たちに、私はケガをさせ、心も深く傷つけてしまいました」

その後、ピタウ神父がバチカンに行き、ローマ法皇に謁見したさい、また直接お詫びをした。すると、ローマ法皇は、頭を下げるピタウ神父を手で制し、

「手紙は読んでいます。上智大学の紛争の解決に努力したあなたと関係者の方々に神の御加

護を」と言い、さらに「傷ついた全共闘の学生たちにも神の御加護を」と言って、長い間祈ってくれたという。

四〇年経ってこの話を語ってくれたピタウ神父は、慈愛に溢れる眼差しをしておられたが、当時のことが胸に去来するのか、話し終えると静かに瞑目された。

私は、あの時代、自分たち学生だけが、深く傷ついたのだとしか思っていなかった。たしかに、「権力」や「国家」に闘いをいどみ、冷酷無惨に蹴散らされた。他大学や他の場所での学生運動はもっと激しく、学生のなかには重傷者もいたし、本当に無惨に痛めつけられ、長く立ち直ることのできない状態の仲間もいた。「権力」は、酷いものだった。

だが、「権力」の側にいたピタウ神父も、佐々淳行氏も、どれだけ苦しみ、心が傷ついていたのか。そんなことを想像すらしたことがなかった。

個人の、人間としてのあたたかな気持ちが、「権力」の側に立ったときに押し殺されてしまう。そのことは、「権力」の側に立つ個人の心にも、深い傷をもたらすものなのだ。

そのことに、あらためて気づいた四〇年目の再会だった。

大地を守る会は、三五年を経て、いまや農業問題から環境問題、エネルギー問題、地球温暖化の問題、フェアトレードなどにその活動領域を広げてきている。観念的ではなく、あくまでも実践的に活動をする。運動は自立してこそ社会に説得力をもつ。経済的にも自立し、運動と事業の面で小さくてもキラリと光るモデルをつくりあげたとき、それは初めて社会を変える力になるだろう。私たちはそう信じて大地を守る会を続けてきたのである。

いま、大地を守る会は新しく「社会的企業」として生まれ変わろうとしている。企業であっても社会的課題（農業、環境、福祉、平和、貧困など）に敢然と立ち向かい、企業活動の本業においても社会貢献できるようなモデルをつくりあげていこうと思っている。私たちがめざすのは、農業のような第一次産業がもっと大事にされる社会であり、人々が他者を蹴落としてまで成功を望む社会ではなく、お互いが尊敬し合い、助け合って生きる社会である。子や孫の時代までに、少なくとも飢えることのない社会をつくっておきたい。そして、誰もが平和に安心して暮らせる日本という国を残しておきたいと思うのである。そして、この想いは、世界の環境問題や差別、平和や貧困の問題にも通じる。私たちのめざすものは、まさに「有機農業で世界を変える」だからである。

最後に、この本の出版に当たっては、編集作業を手伝ってくれた高田美果さん、全体の構成を担当してくれた佐藤徹郎さん、そして工作舎社長の十川治江さんに大変お世話いただいた。

この場をお借りして、心からの感謝を申し上げたい。

二〇一〇年　晩秋

藤田和芳

▼著者紹介

藤田和芳［ふじた・かずよし］

一九四七年、岩手県に生まれる。七五年に市民NGO大地を守る会、七七年に社会的企業のさきがけとなる株式会社大地設立。日本で最初に有機野菜の生産・流通・消費のネットワークづくりを推進。市民NGOとしても、「THAT'S国産」、「一〇〇万人のキャンドルナイト」、「フードマイレージ」など、市民参加による提案型の運動を幅広く展開する。

二〇〇七年、「世界を変える社会起業家一〇〇人」(『ニューズウィーク』誌)に選ばれる。現在、株式会社大地を守る会代表取締役社長、アジア農民元気大学理事長、一般社団法人「互恵のためのアジア民衆基金」会長などを兼任。『いのちと暮らしを守る株式会社』(共著・学陽書房)、『農業の出番だ!』(ダイヤモンド社)、『ダイコン一本からの革命』(工作舎)、『畑と田んぼと母の漬けもの』(ビーケーシー)などの著書のほか、『カンブリア宮殿4』(日本経済新聞出版社)、『幸せの新しいものさし』(PHP研究所)などにも社会起業家として登場。

株式会社大地を守る会

現在会員は、関東圏を中心に全国に八万九〇〇〇世帯。大地を守る会の有機野菜や無添加食品など三五〇〇品目を宅配やウェブストアで販売。第2回ソーシャル・ビジネス・アワード「ソーシャル・ビジネス賞」(二〇〇七)、第10回朝日新聞社「明日への環境賞」(〇九)、FOOD ACTION NIPPONアワード2009「優秀賞」(一〇)など受賞。

▼ホームページ　http://www.daichi.or.jp

▼入会サポートセンター　0120-158-183

有機農業で世界を変える　ダイコン一本からの「社会的企業」宣言

発行日――二〇一〇年一一月一〇日
著者――藤田和芳
編集――佐藤徹郎＋高田美果
エディトリアル・デザイン――小沼宏之
カバーイラストレーション――春山拓思
印刷・製本――株式会社国際文献印刷社
発行者――十川治江
発行――工作舎 editorial corporation for human becoming
〒169-0072　東京都新宿区大久保2-4-12-12F
phone: 03-5155-8940　fax: 03-5155-8941
URL: http://www.kousakusha.co.jp
e-mail: saturn@kousakusha.co.jp
ISBN4-87502-433-0